# TRAITÉ PRATIQUE

DE

# LA COUPE DES PIERRES

PRÉCÉDÉ DE TOUTE LA PARTIE

## DE LA GÉOMÉTRIE DESCRIPTIVE

QUI TROUVE SON APPLICATION DANS LA COUPE DES PIERRES

A L'USAGE

DES ARCHITECTES, DES INGÉNIEURS, DES ENTREPRENEURS
ET CONDUCTEURS DE TRAVAUX, DES APPAREILLEURS, ET DES ÉLÈVES
DE L'ÉCOLE DES BEAUX-ARTS

PAR

**ÉMILE LEJEUNE**

ANCIEN ÉLÈVE DE L'ÉCOLE CENTRALE DES ARTS ET MANUFACTURES, PROFESSEUR
DE GÉOMÉTRIE DESCRIPTIVE ET DE COUPE DES PIERRES



ATLAS DE 59 PLANCHES

PARIS
LIBRAIRIE POLYTECHNIQUE
J. BAUDRY, LIBRAIRE-ÉDITEUR
15, RUE DES SAINTS-PÈRES
LIÉGE, MÊME MAISON

Fig. 1.

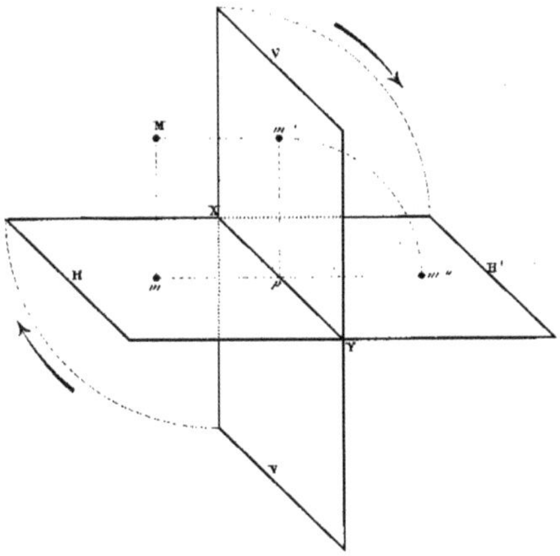


Fig. 4.

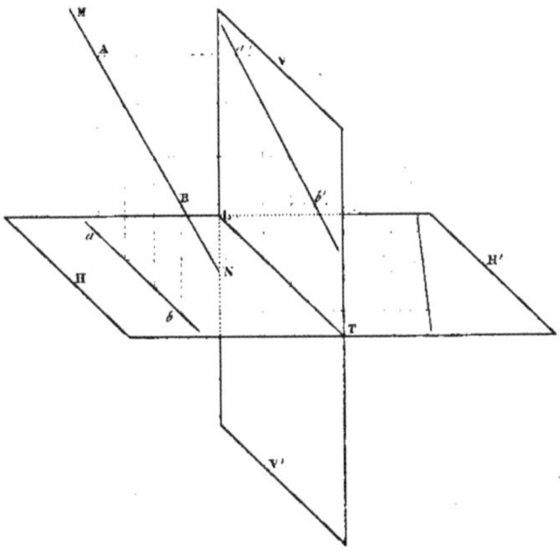


Fig. 2.

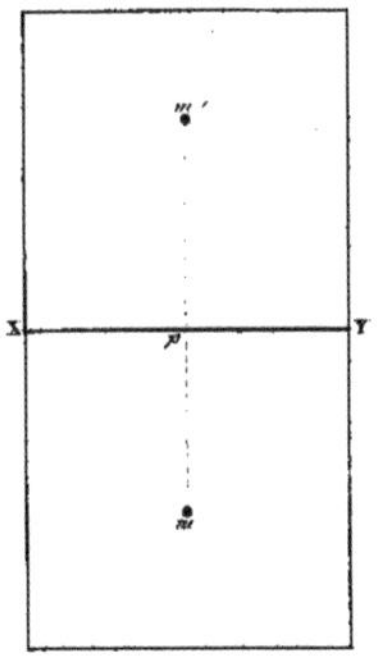


Fig. 3.

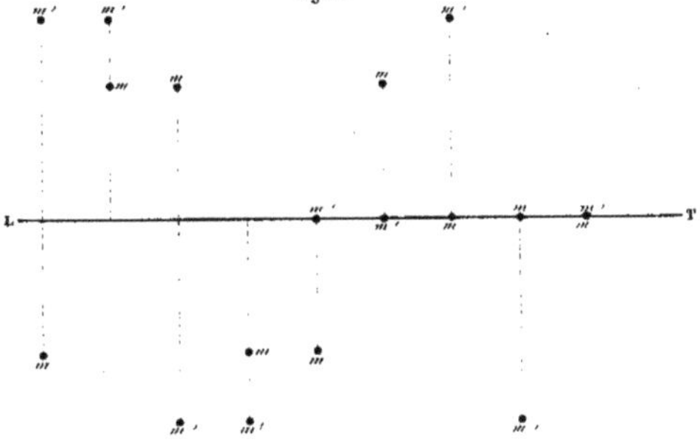


Fig. 5.

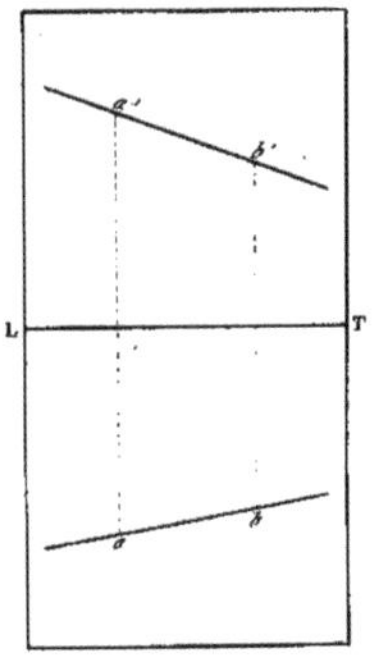


Fig. 6.

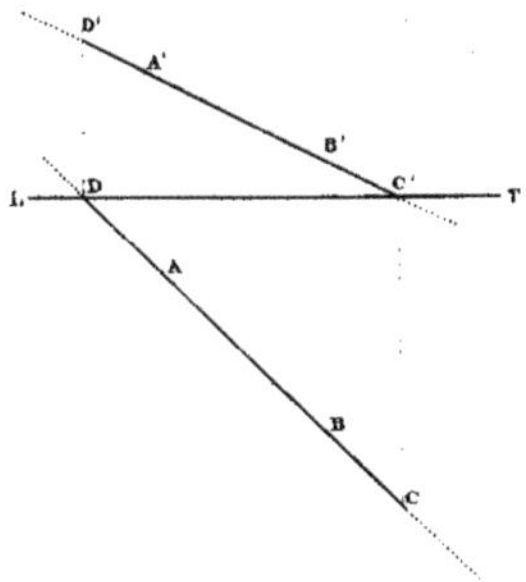


Fig. 7.

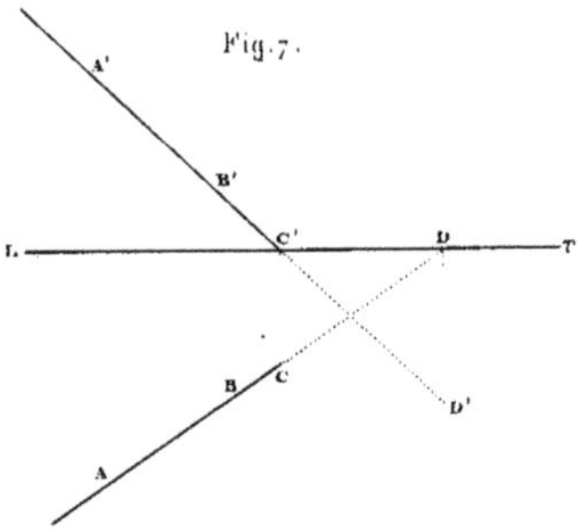


Fig. 8.

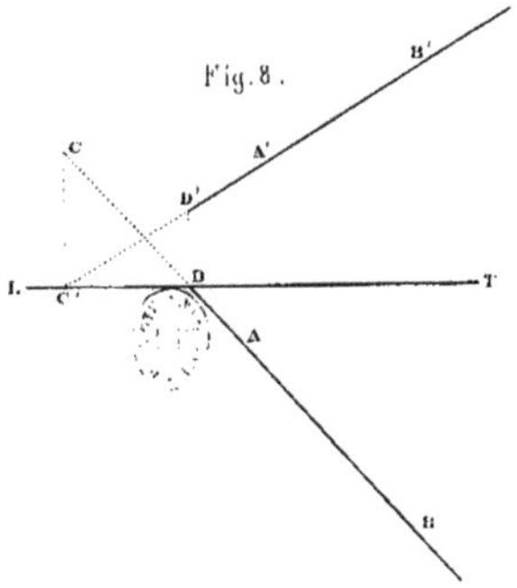


Em. Lejeune del.

Établ.t et imp.rie de J. Baudry, à Liège.

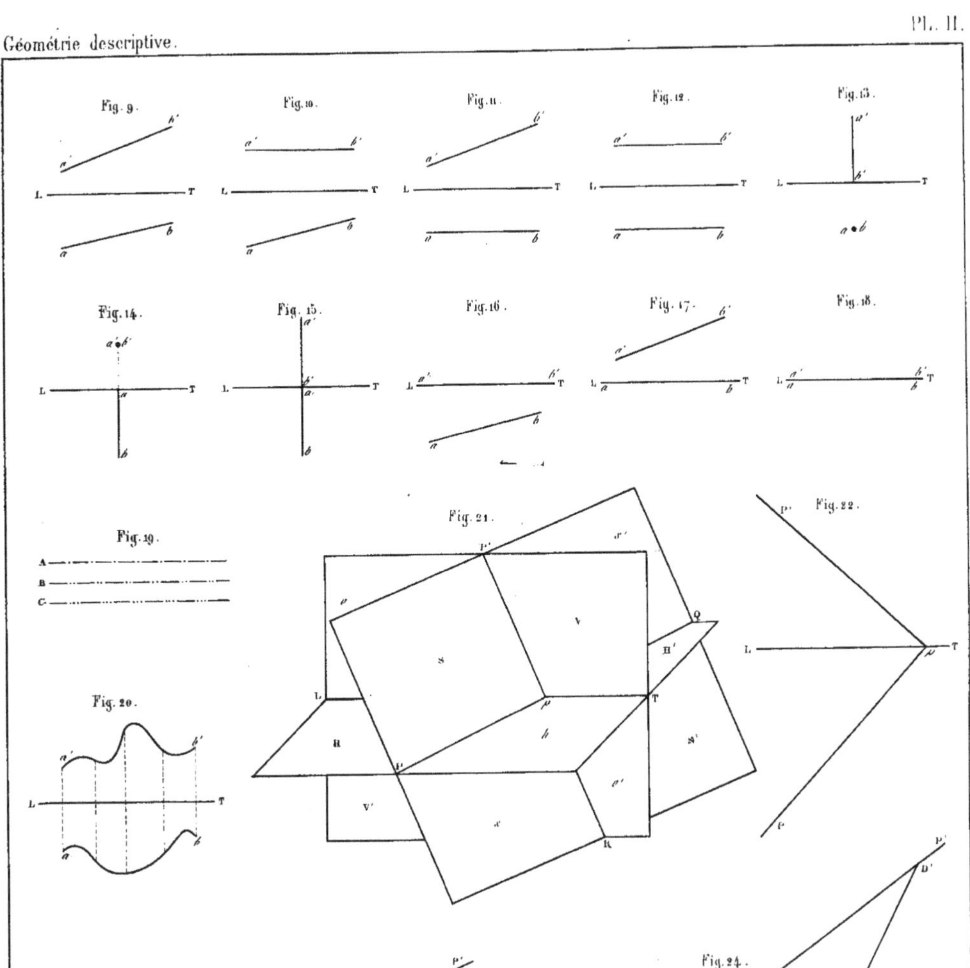


Em. Lejeune del.

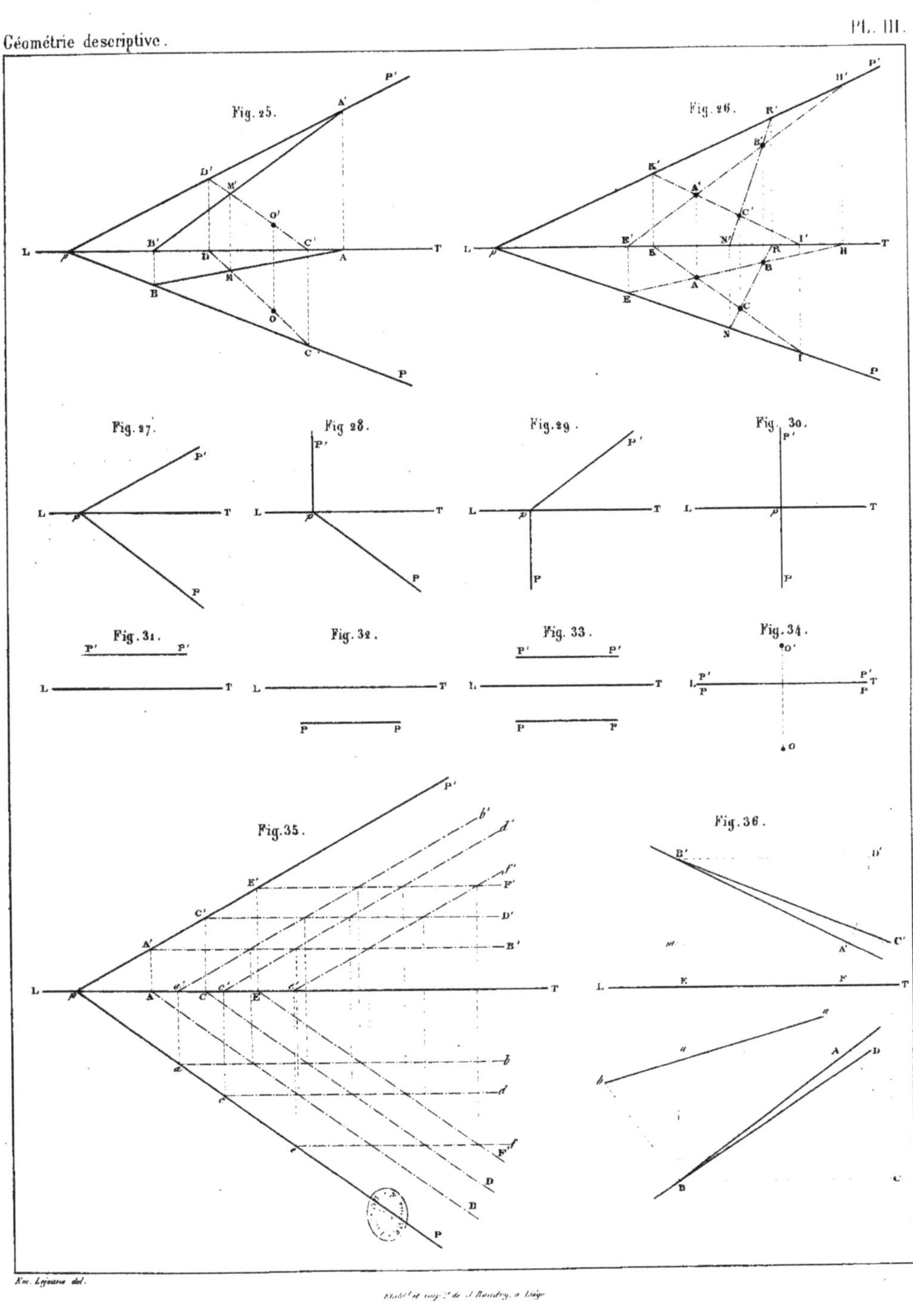


Em. Lejeune del.
Établ^t et imp.^ie de J. Baudry, à Liège

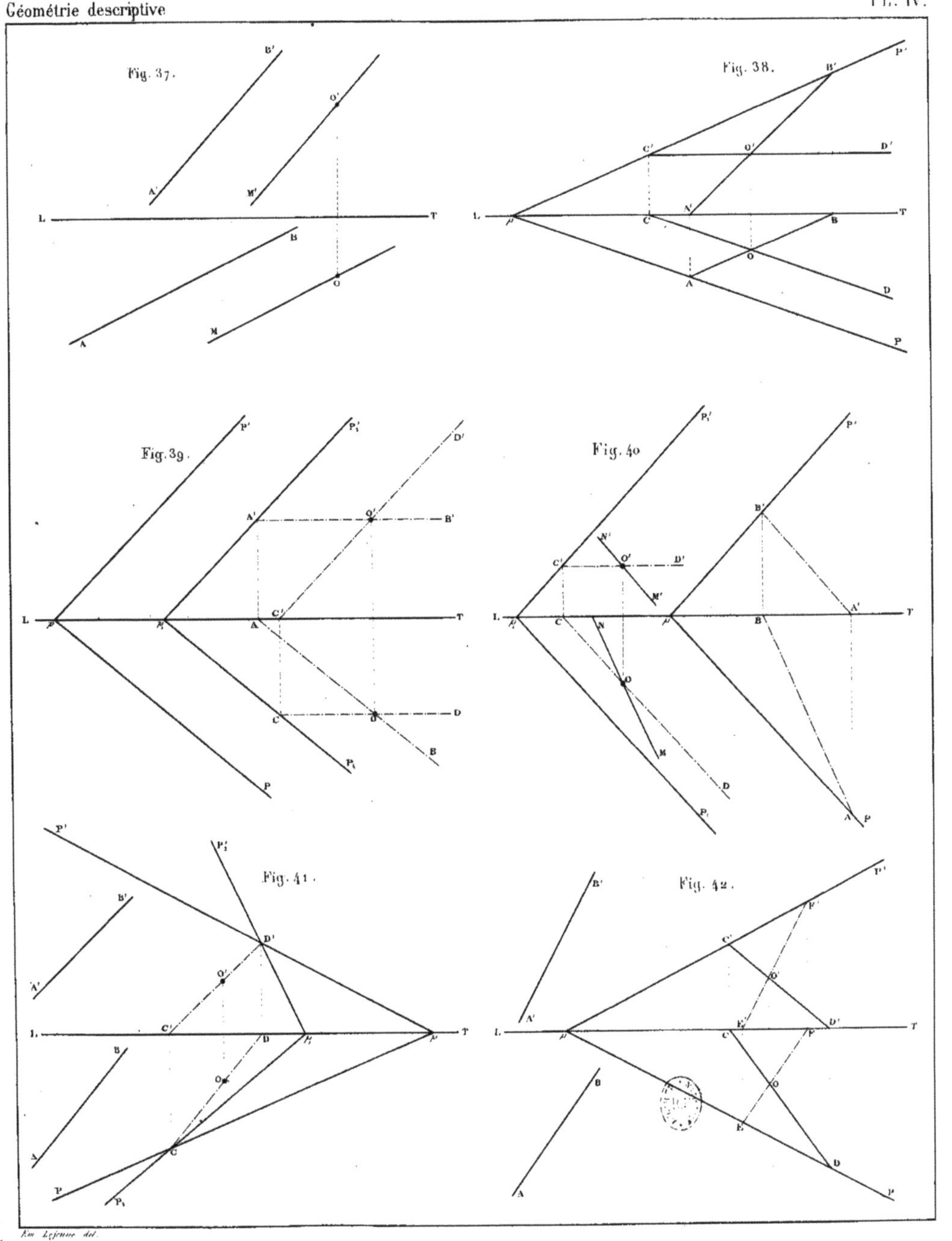


Em. Lejeune del.
Établ.t et imp.ie de J. Baudry, à Liège.

Fig. 45.

Fig. 44.

Fig. 43.

Fig. 46.

Fig. 48.

Fig. 47.

Fig. 49.

Fig. 50.

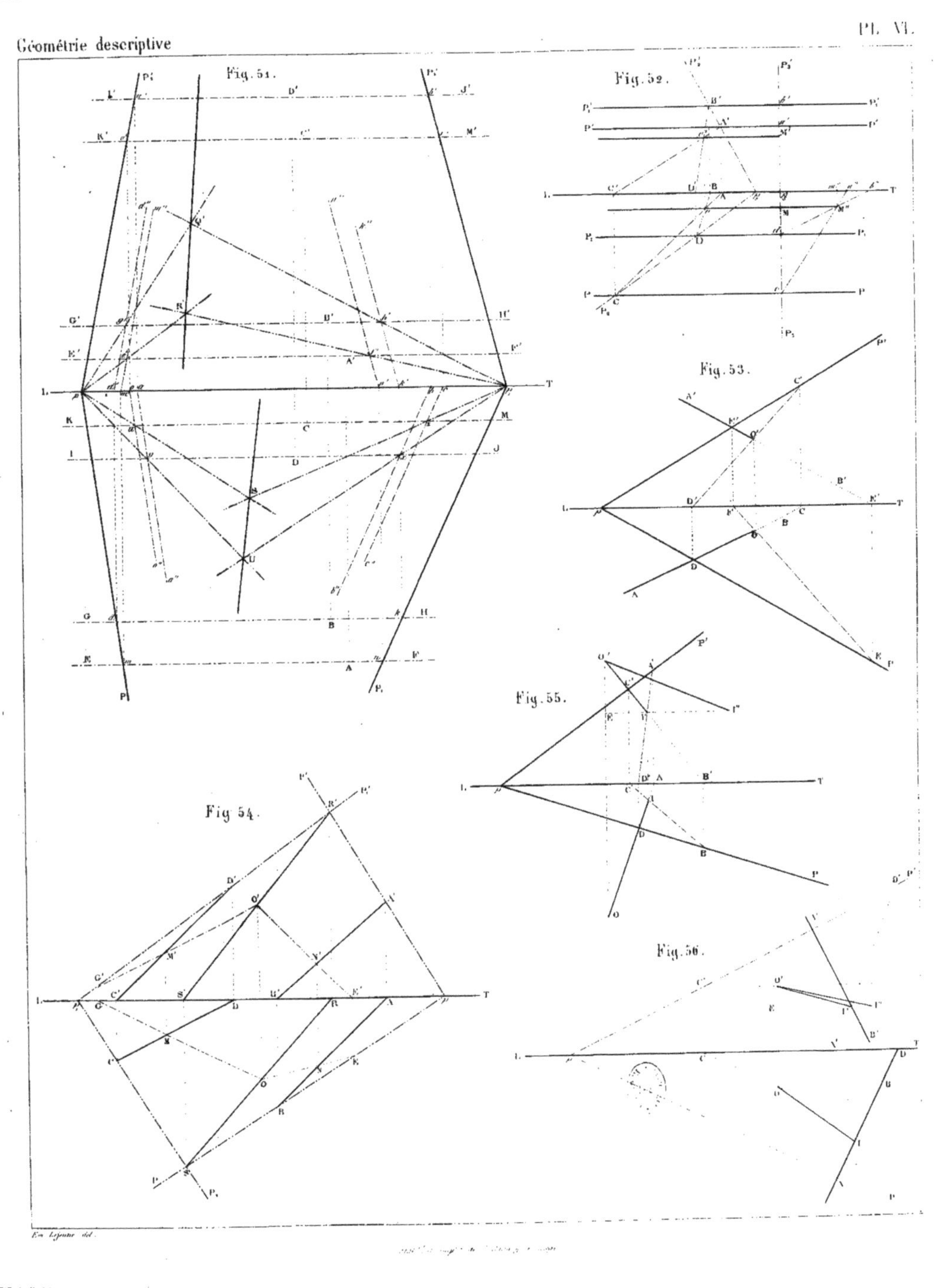


Em Lejeune del.

Fig. 57.

Fig. 60.

Fig. 59.

Fig. 61.

Fig. 58.

Em. Lejeune del.

Établ. et impr. de J. Baudry, à Liège.

Fig. 62

Fig. 63.

Fig. 64.

Fig. 66.

Fig. 67.

Fig. 65.

Fig. 68.

Fig. 69.

Em. Lejeune del.

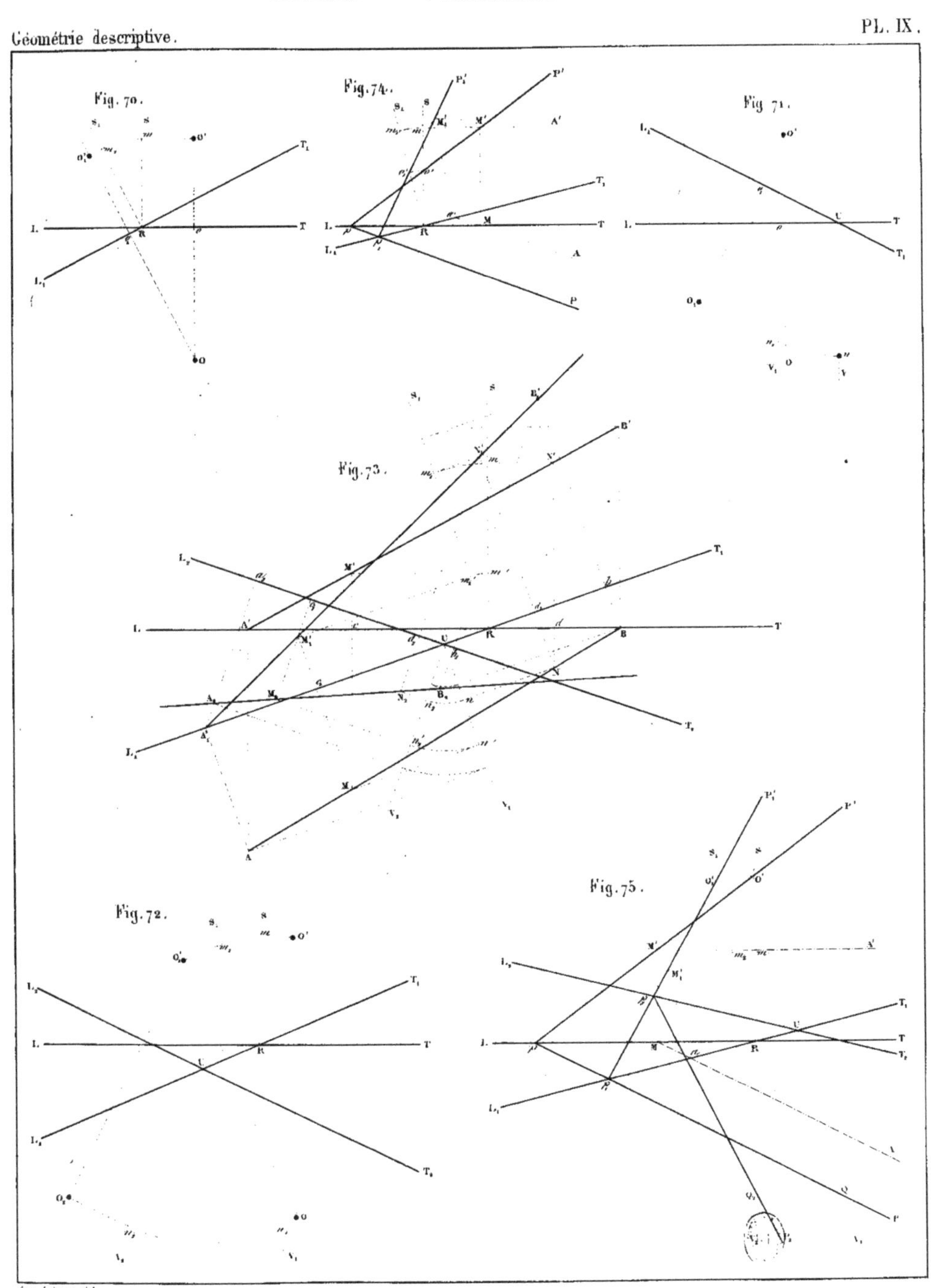


Em. Lejeune del.

Fig. 76.

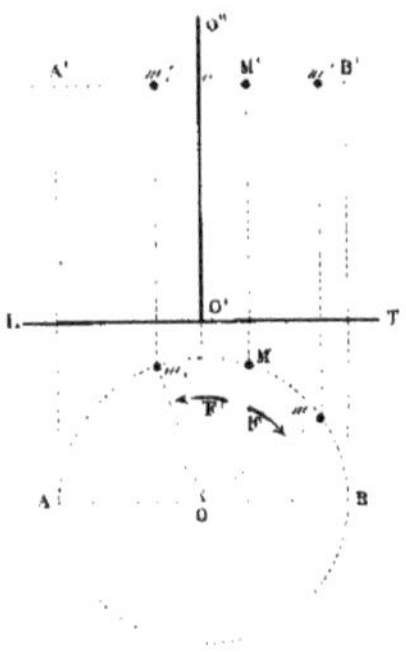

Fig. 77.

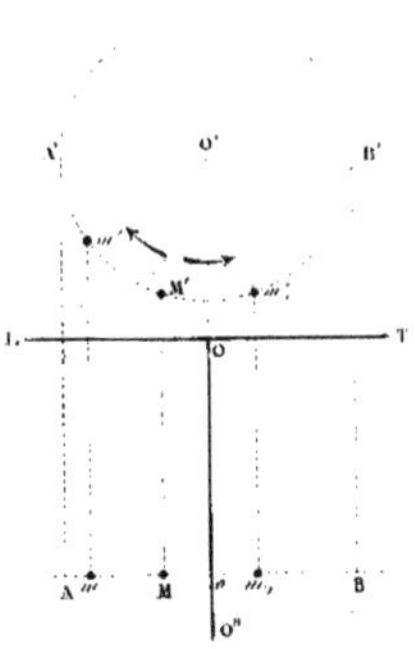

Fig. 78.

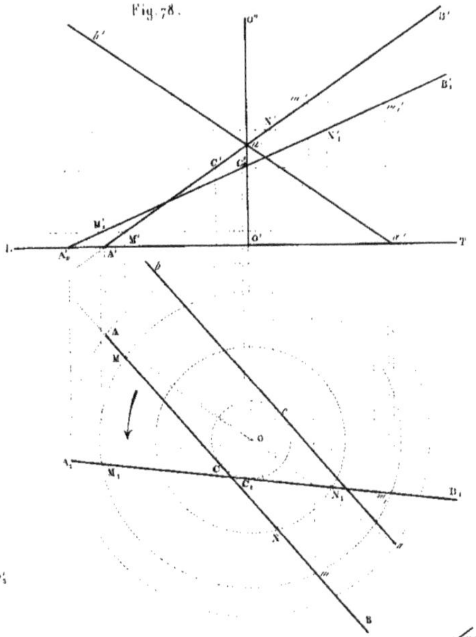

Fig. 79

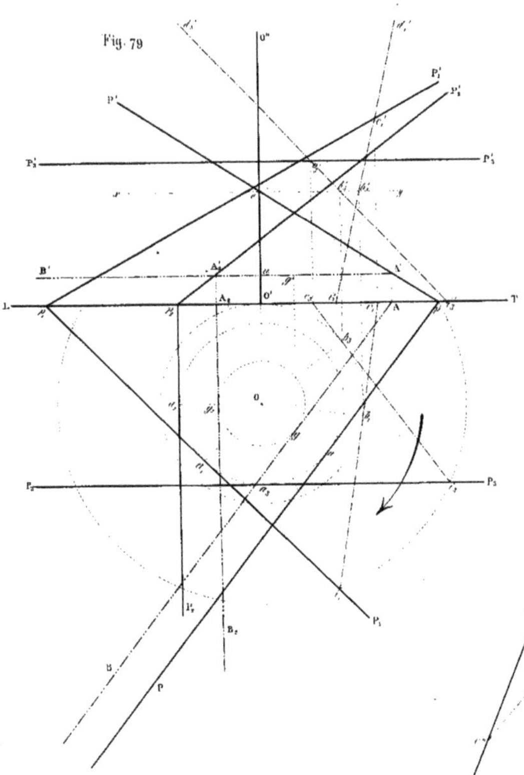

Fig. 80.

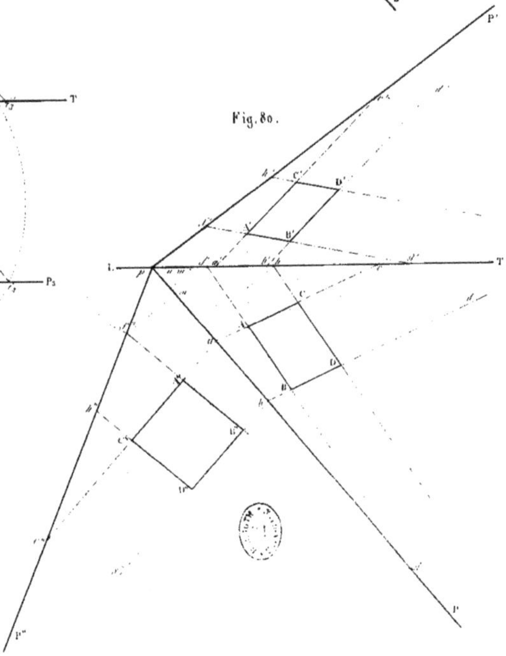

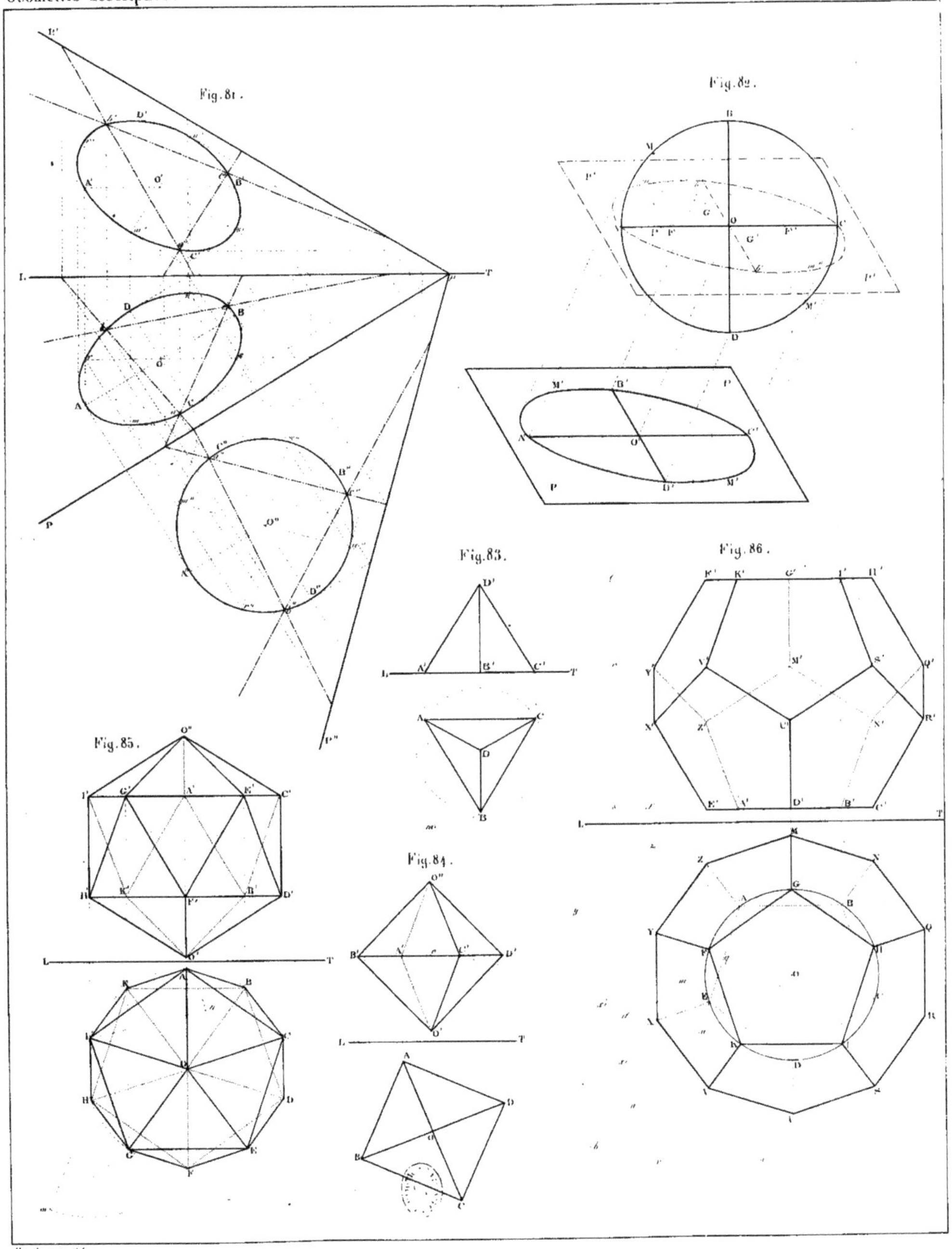

Fig. 81.

Fig. 82.

Fig. 83.

Fig. 84.

Fig. 85.

Fig. 86.

Em. Lepaute del.

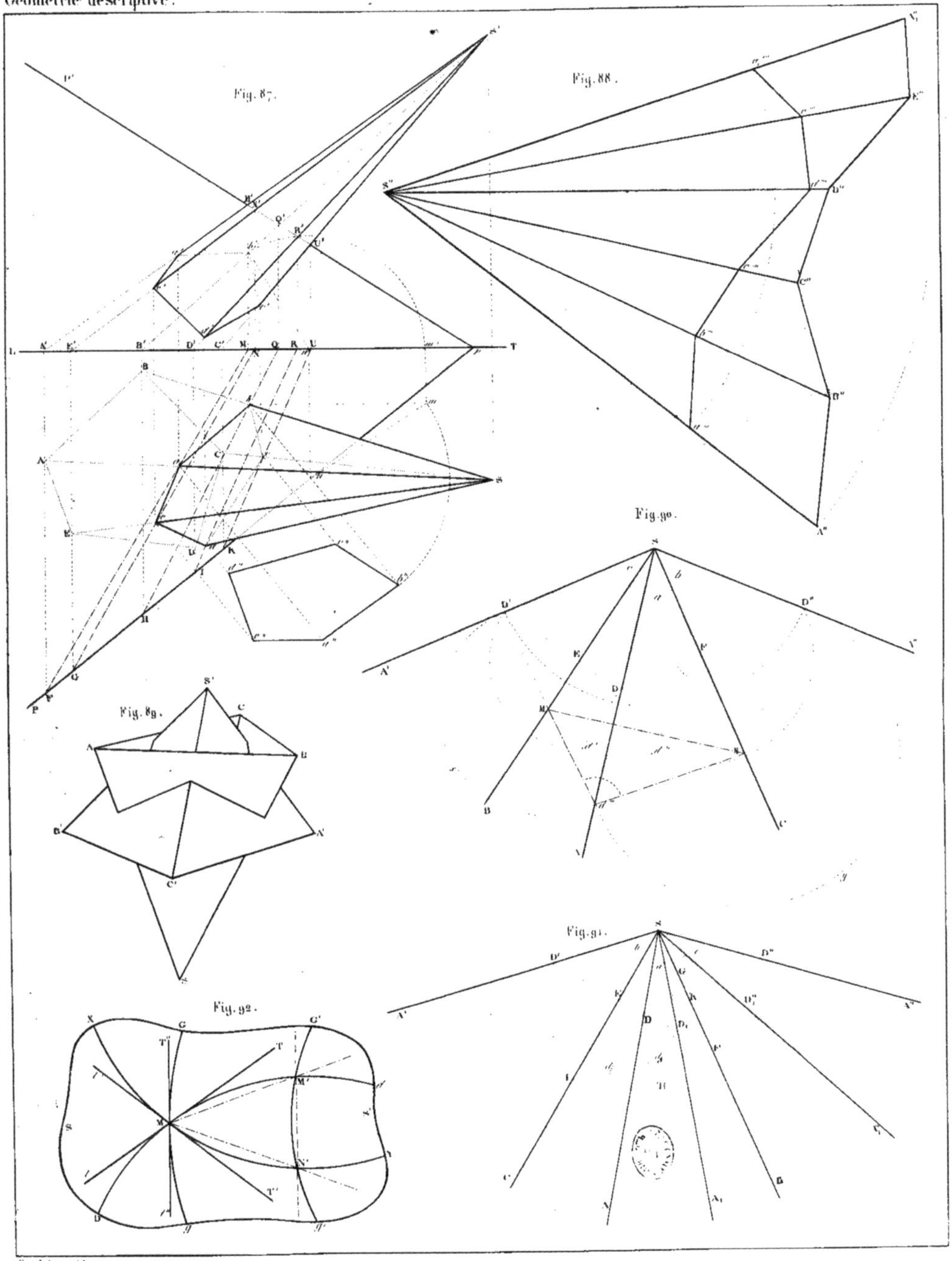

Fig. 87.

Fig. 88.

Fig. 89.

Fig. 90.

Fig. 91.

Fig. 92.

Em. Lefèvre del.

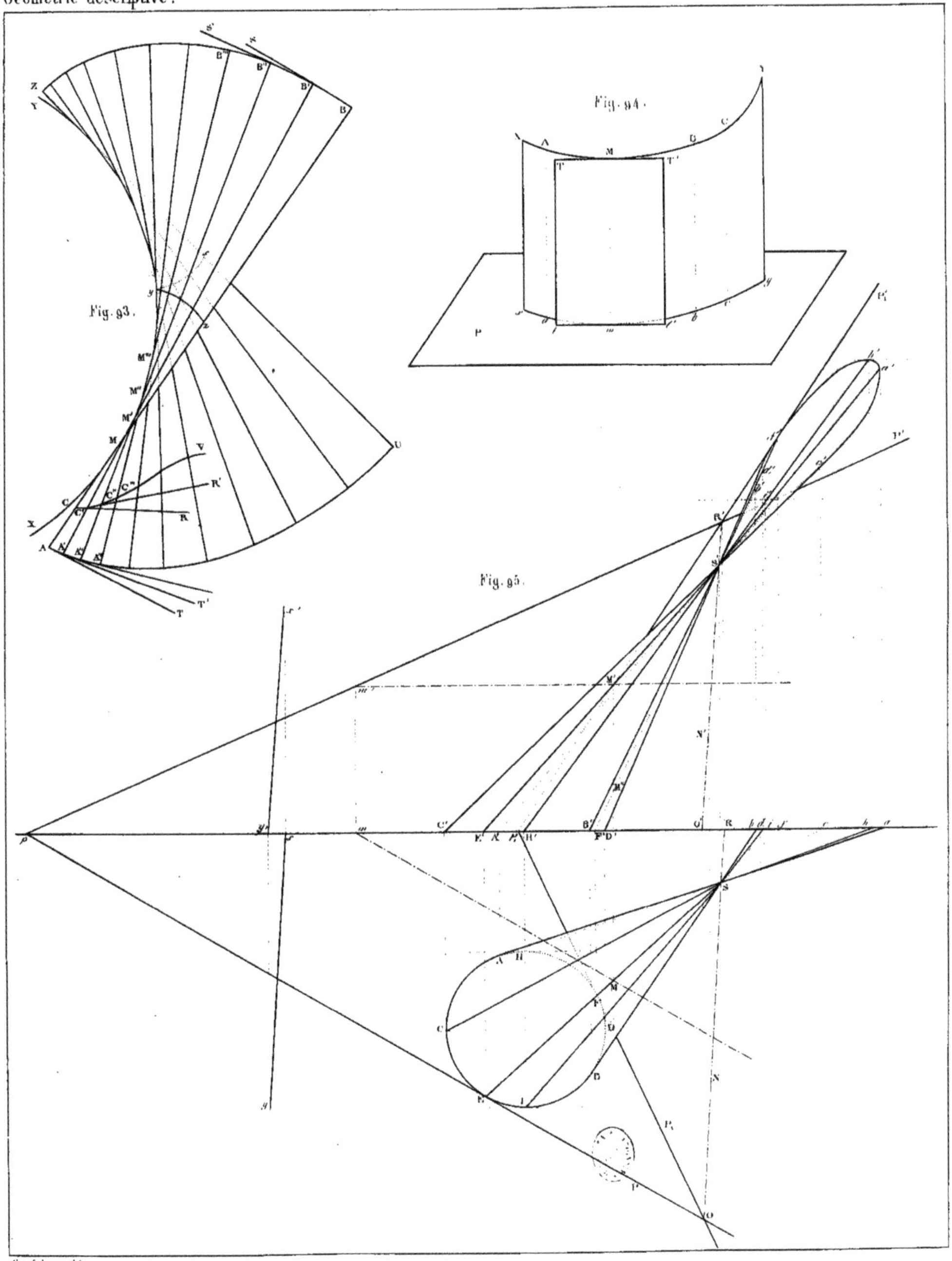

Fig. 93.

Fig. 94.

Fig. 95.

Em. Lejeune del.

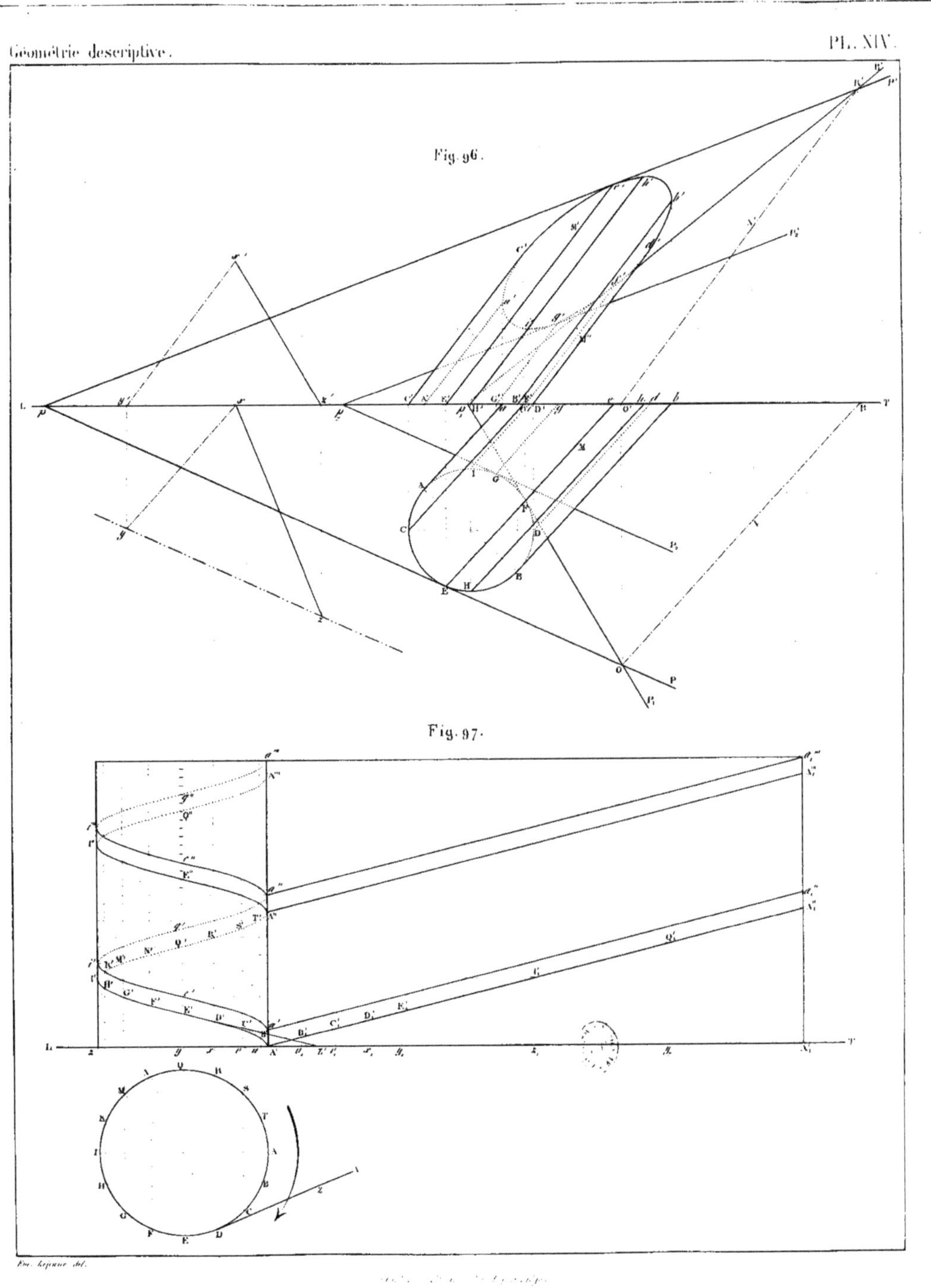
Fig. 96.
Fig. 97.

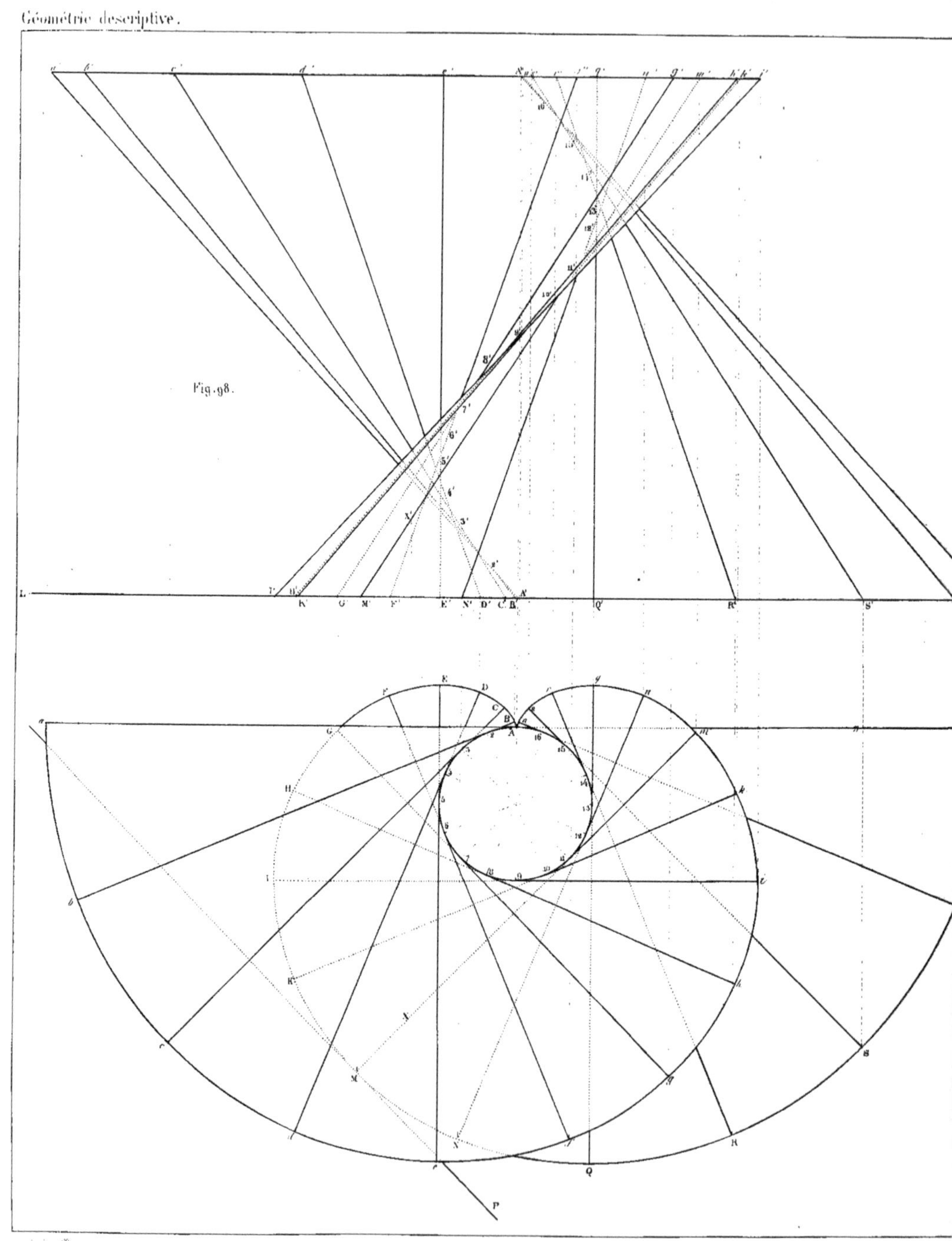
Fig. 98.

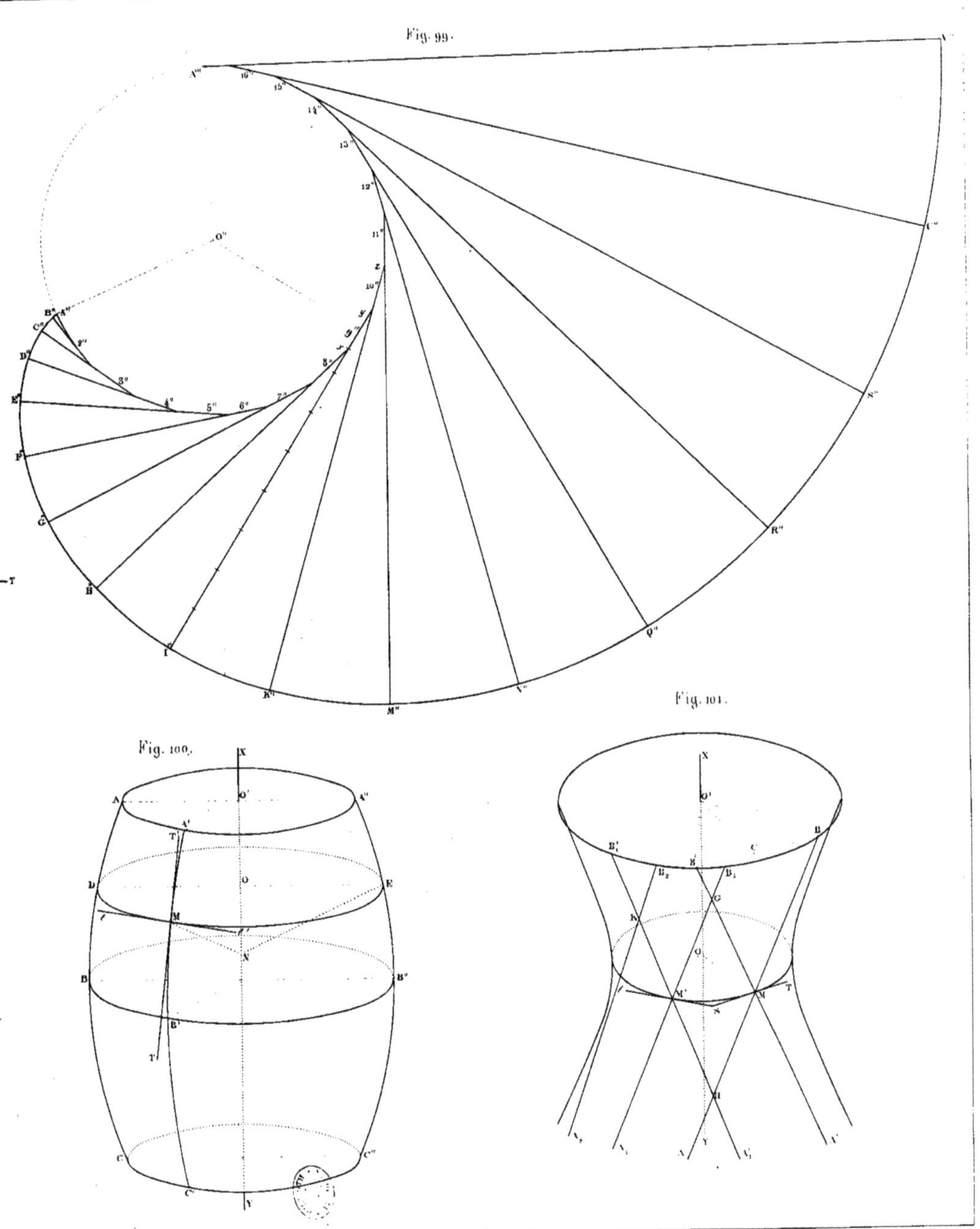


Fig. 99.

Fig. 100.

Fig. 101.

…udry, à Liège.

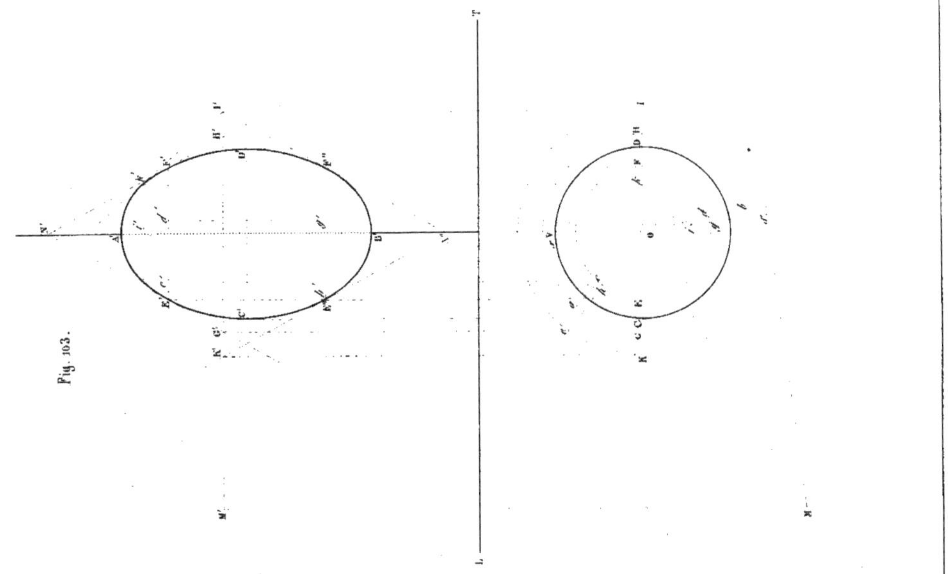

Fig. 103.

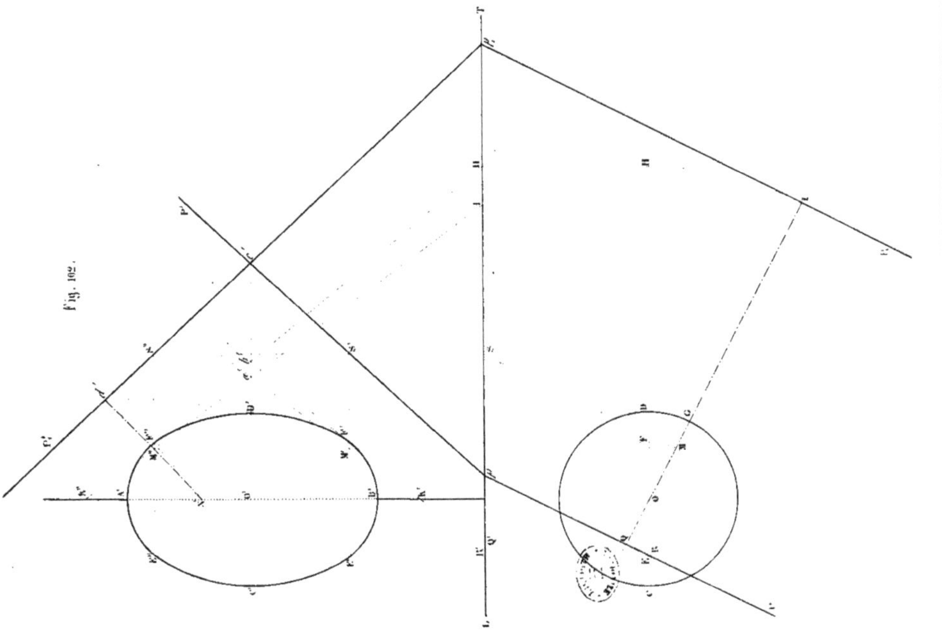

Fig. 102.

Em. Lejeune del.

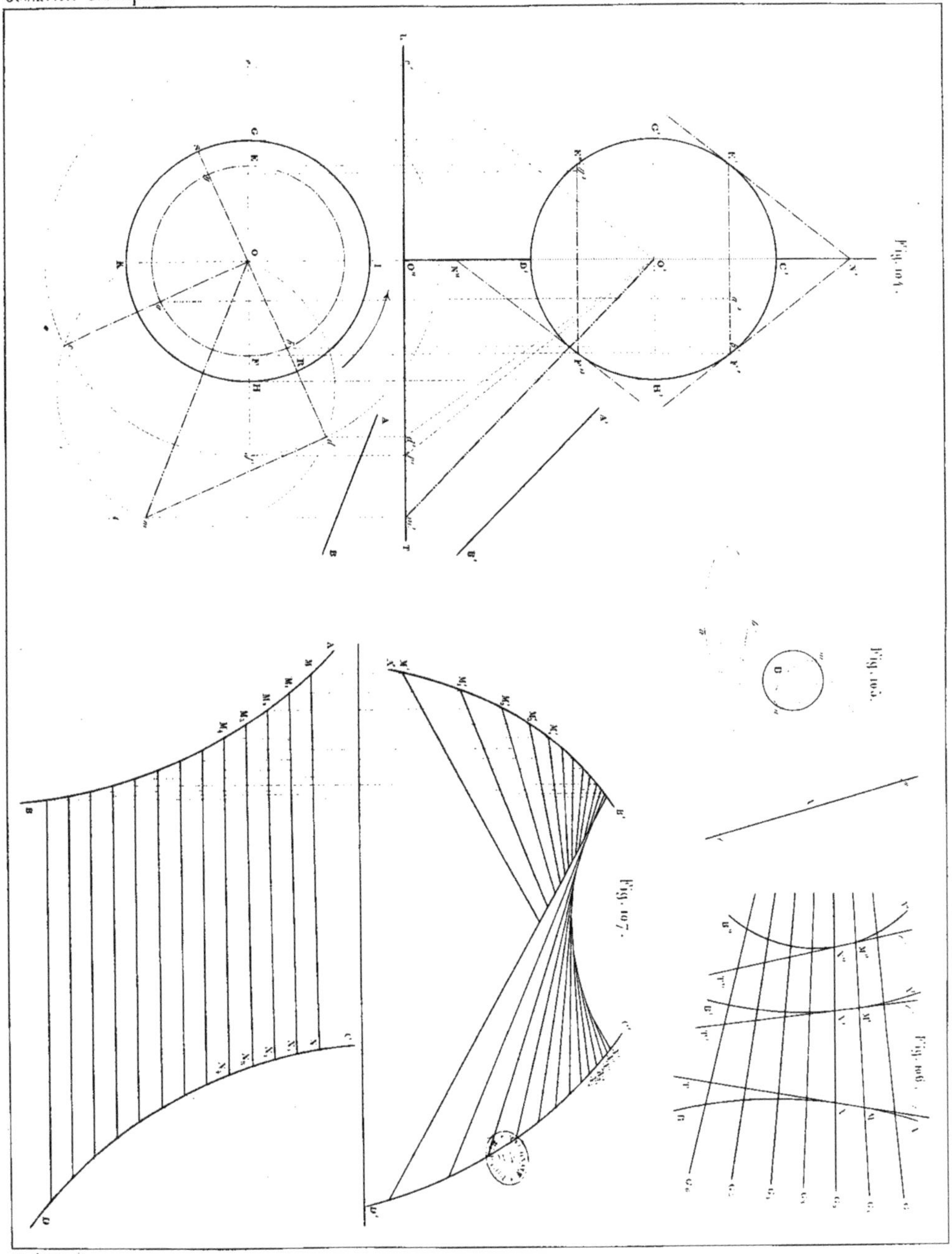

Fig. 104.

Fig. 105.

Fig. 106.

Fig. 107.

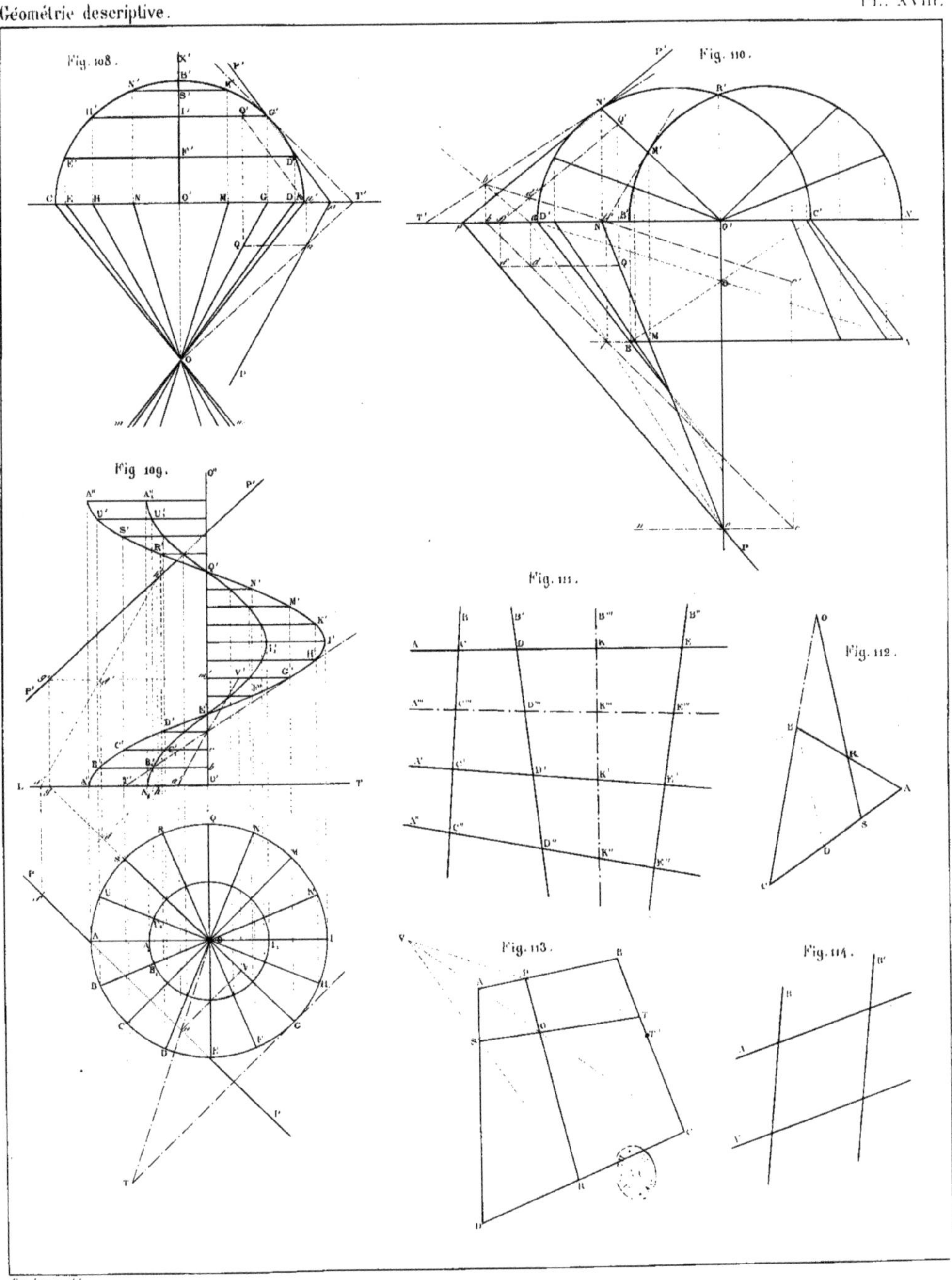
Fig. 108.
Fig. 109.
Fig. 110.
Fig. 111.
Fig. 112.
Fig. 113.
Fig. 114.
Em. Lejeune del.

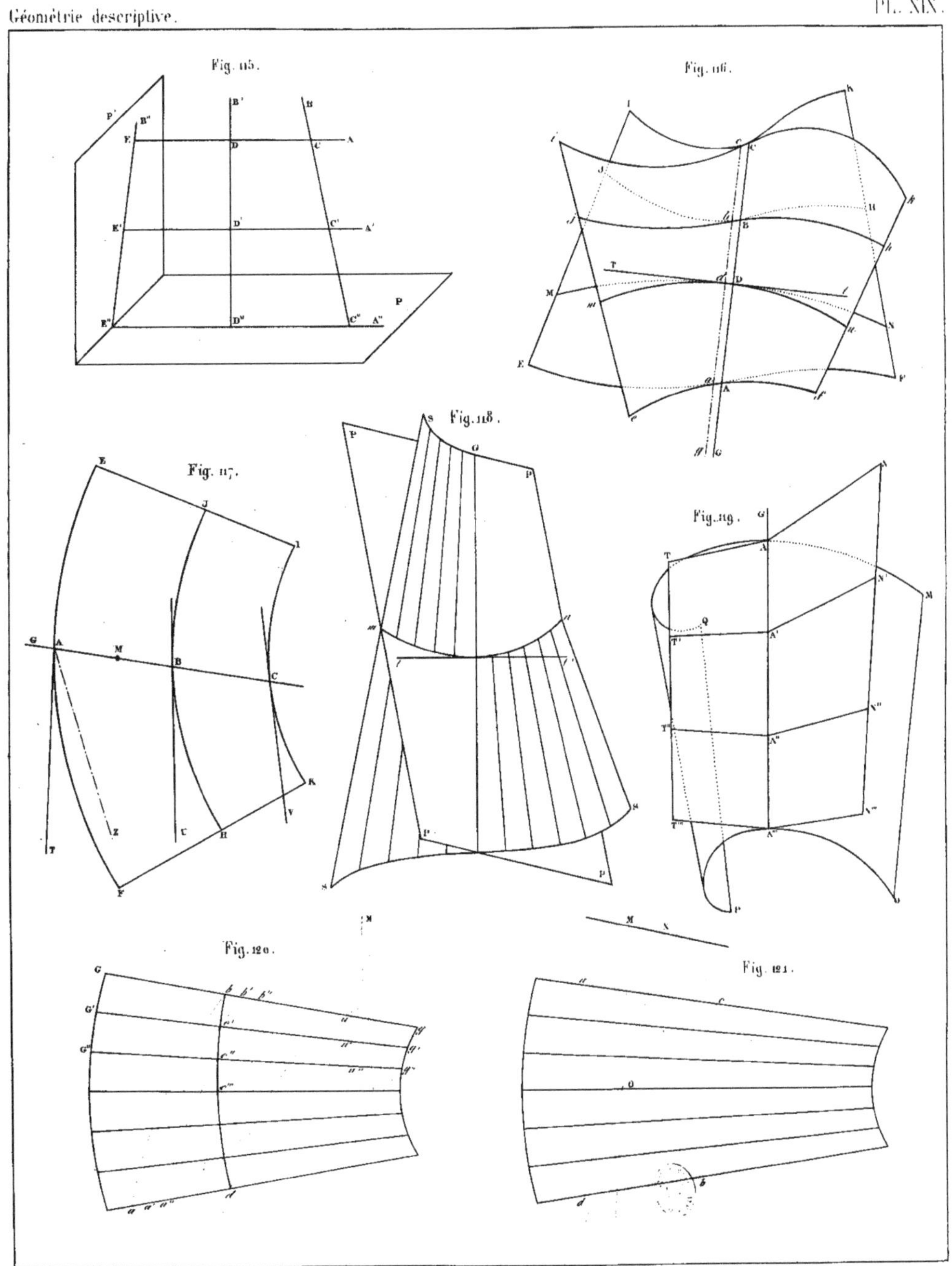


Em. Lejeune del.

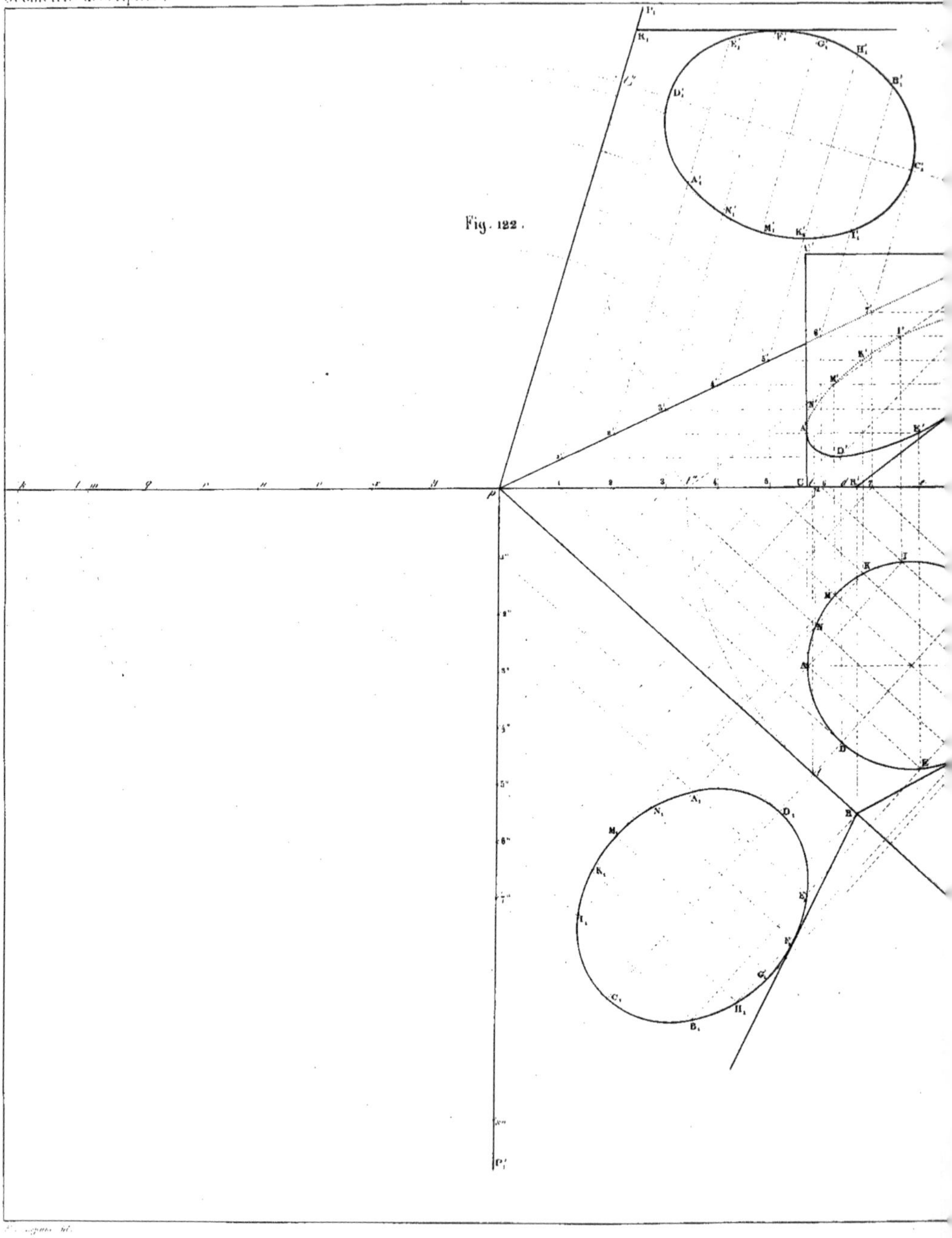

Fig. 122.

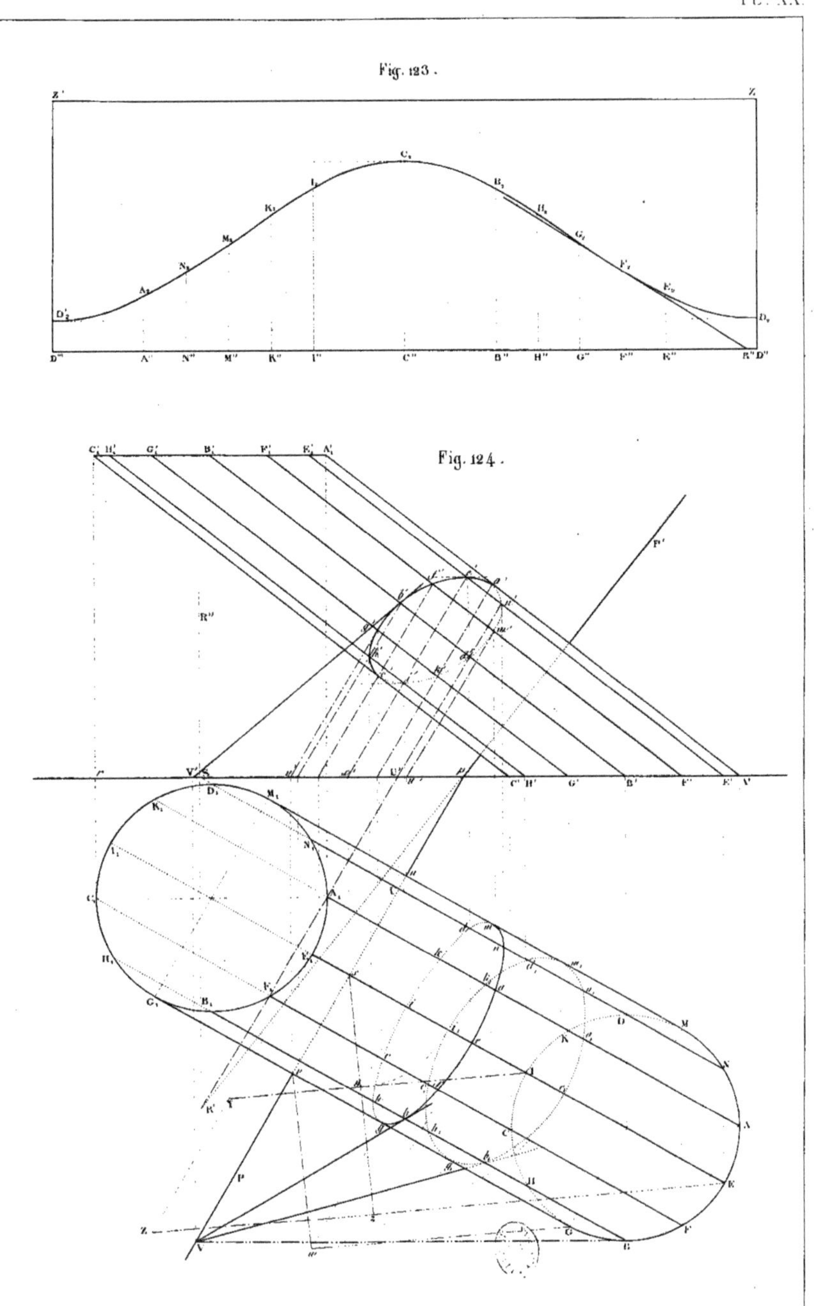

Fig. 123.

Fig. 124.

de J. Baudry, à Liége.

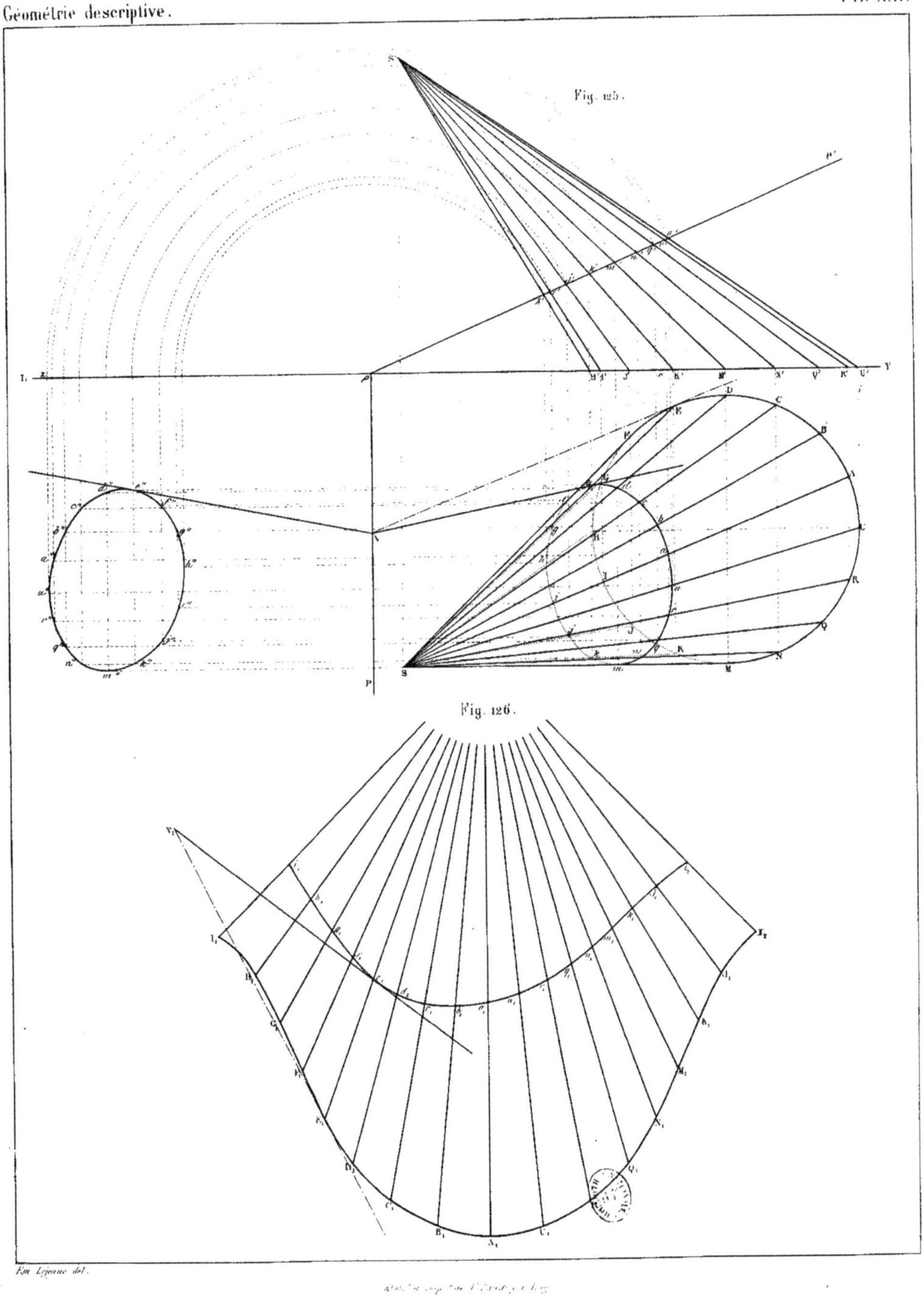

Fig. 125.

Fig. 126.

Em Lejeune del.

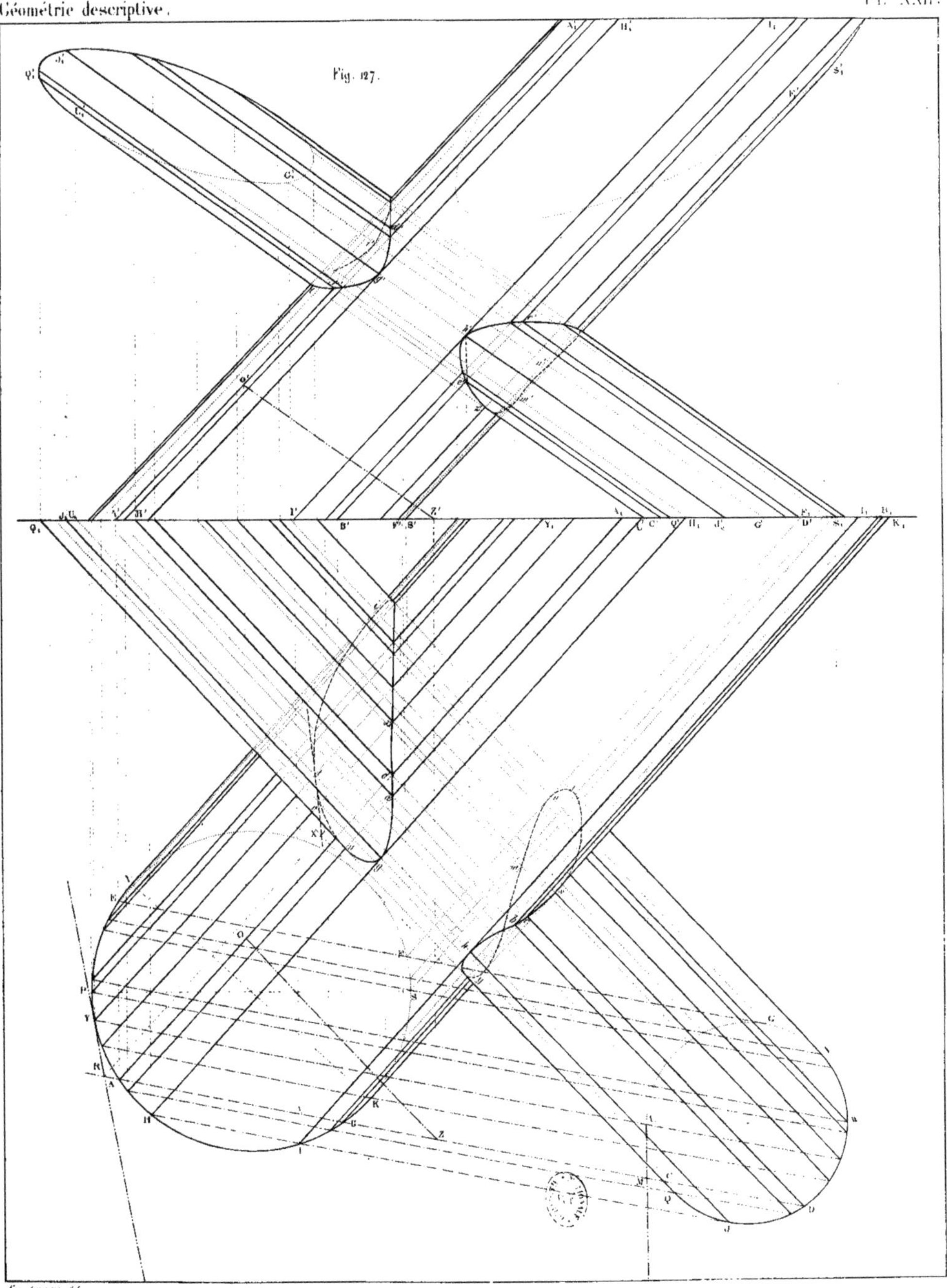


Ern. Lejeune del.

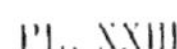

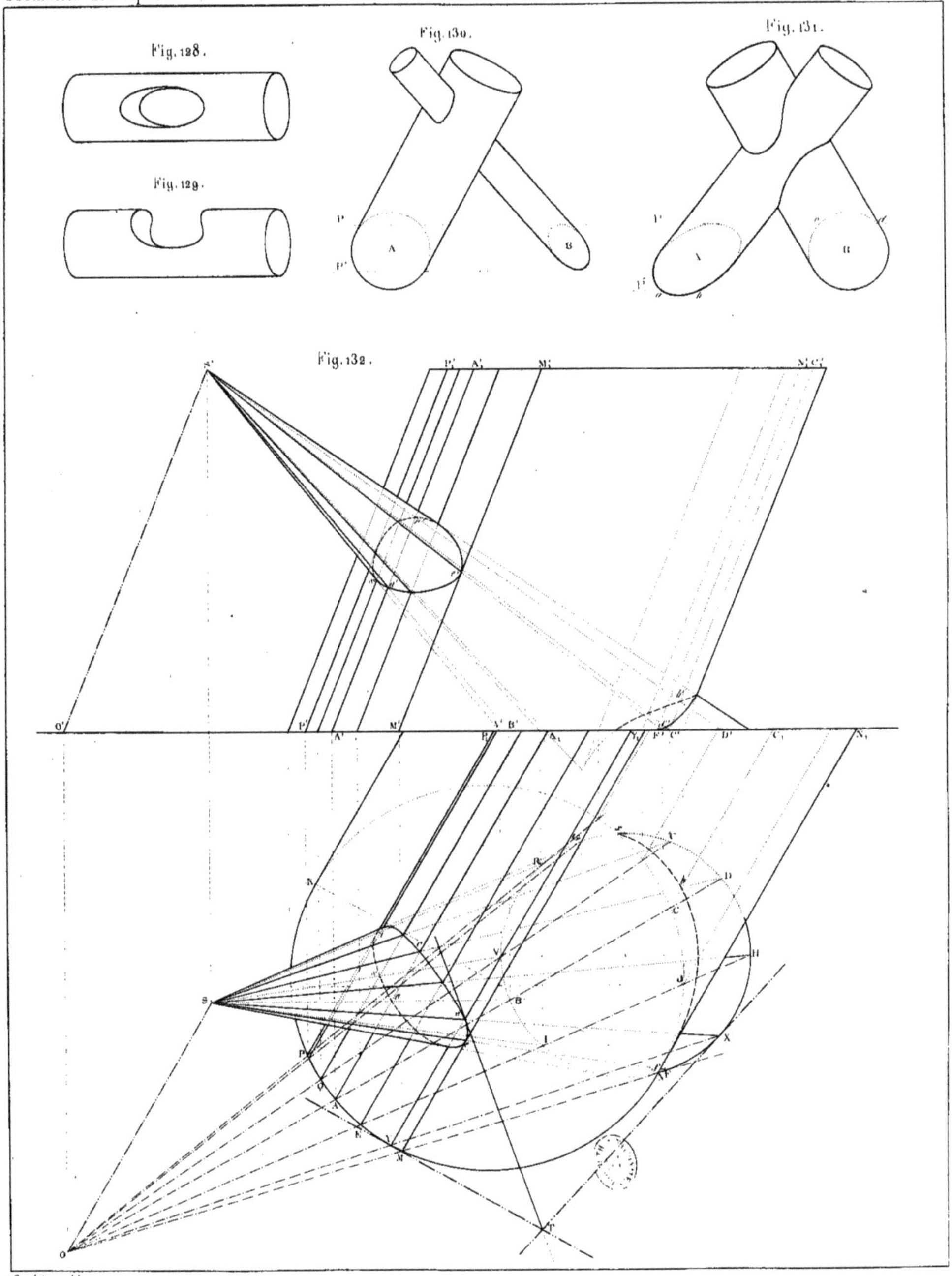

Fig. 128.

Fig. 129.

Fig. 130.

Fig. 131.

Fig. 132.

Em. Lejeune del.

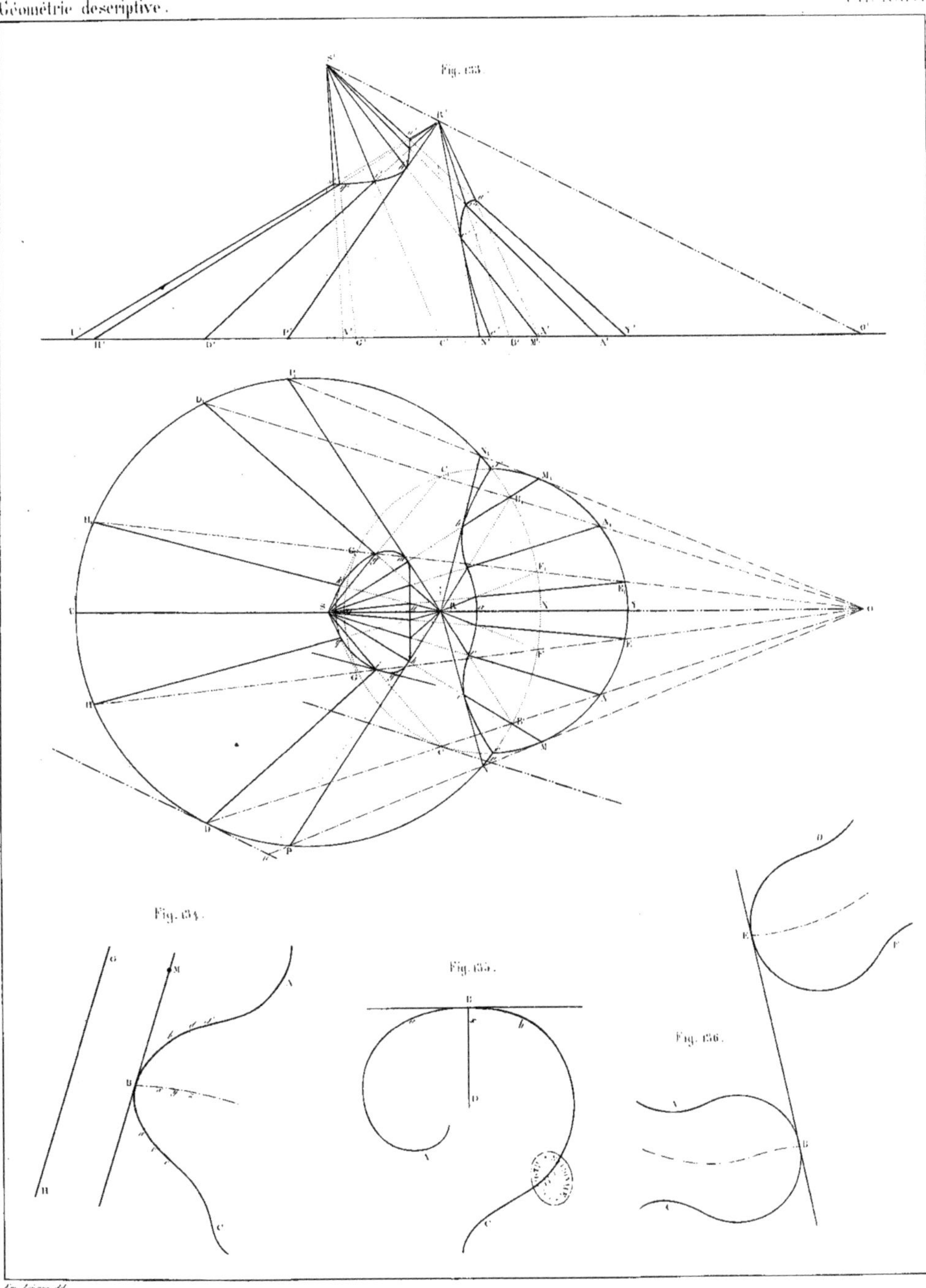
Fig. 133.
Fig. 134.
Fig. 135.
Fig. 136.

Fig 137.

Em. Lejeune del.

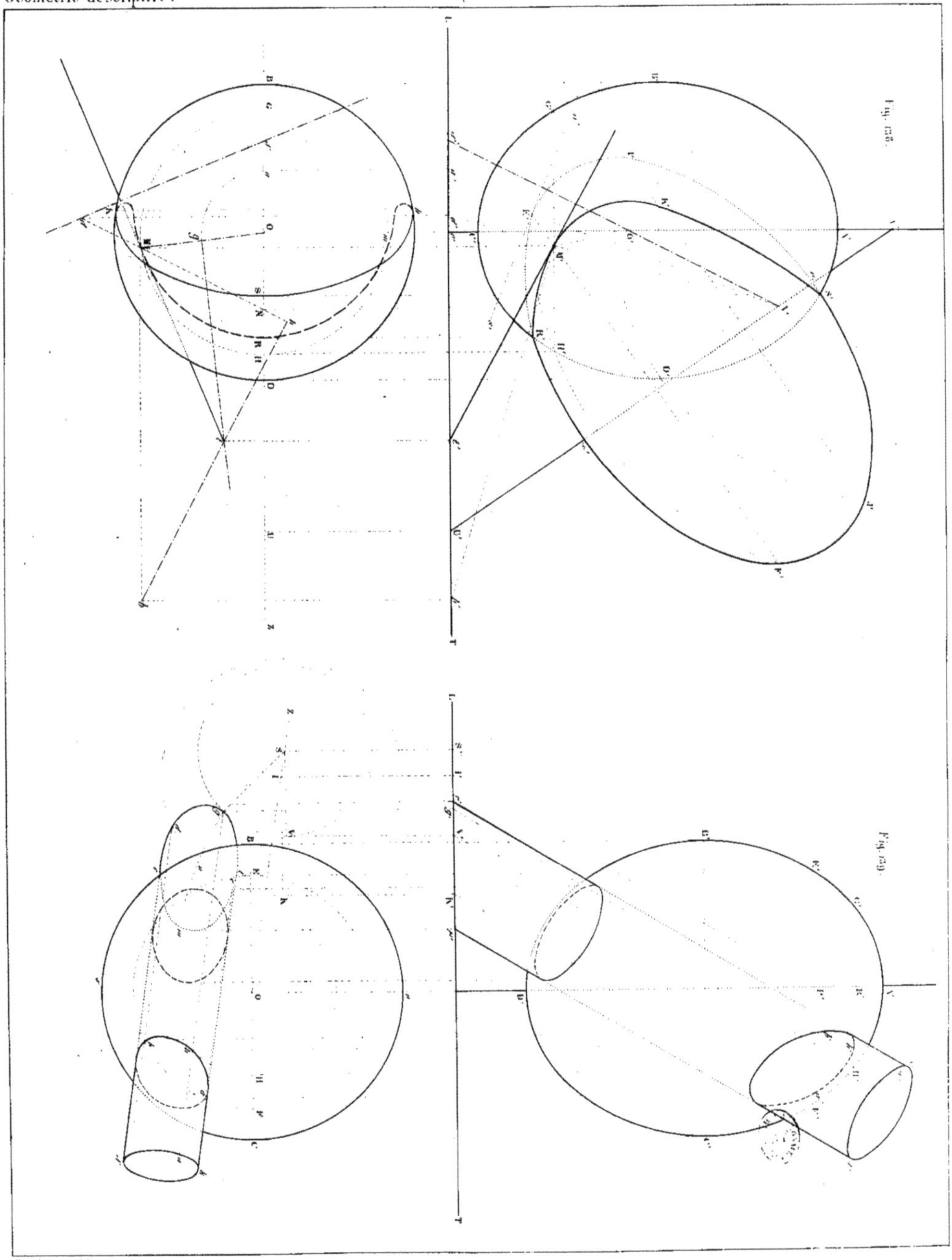

Fig. 138.

Fig. 139.

Em. Lejeune del.

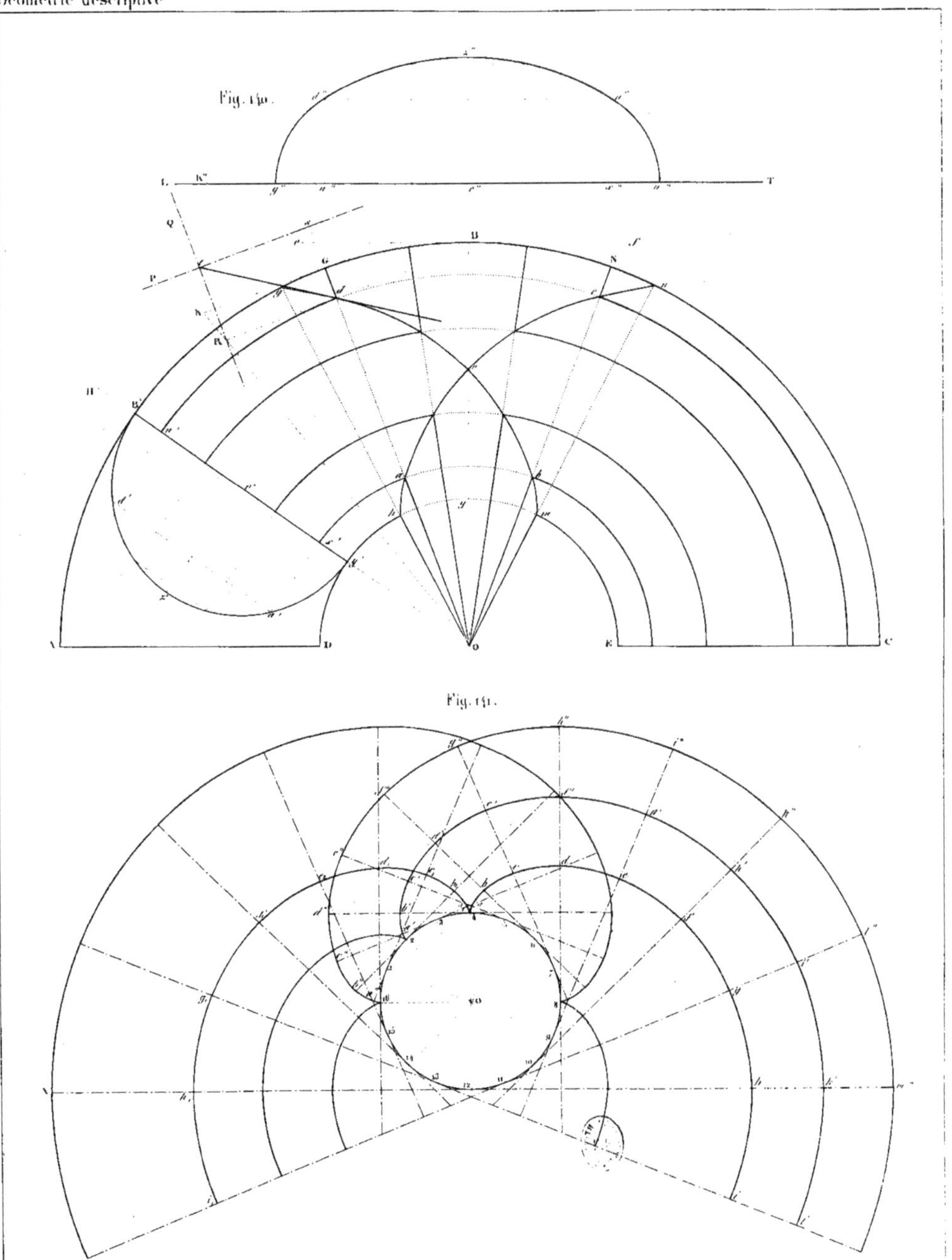
Fig. 140.
Fig. 141.

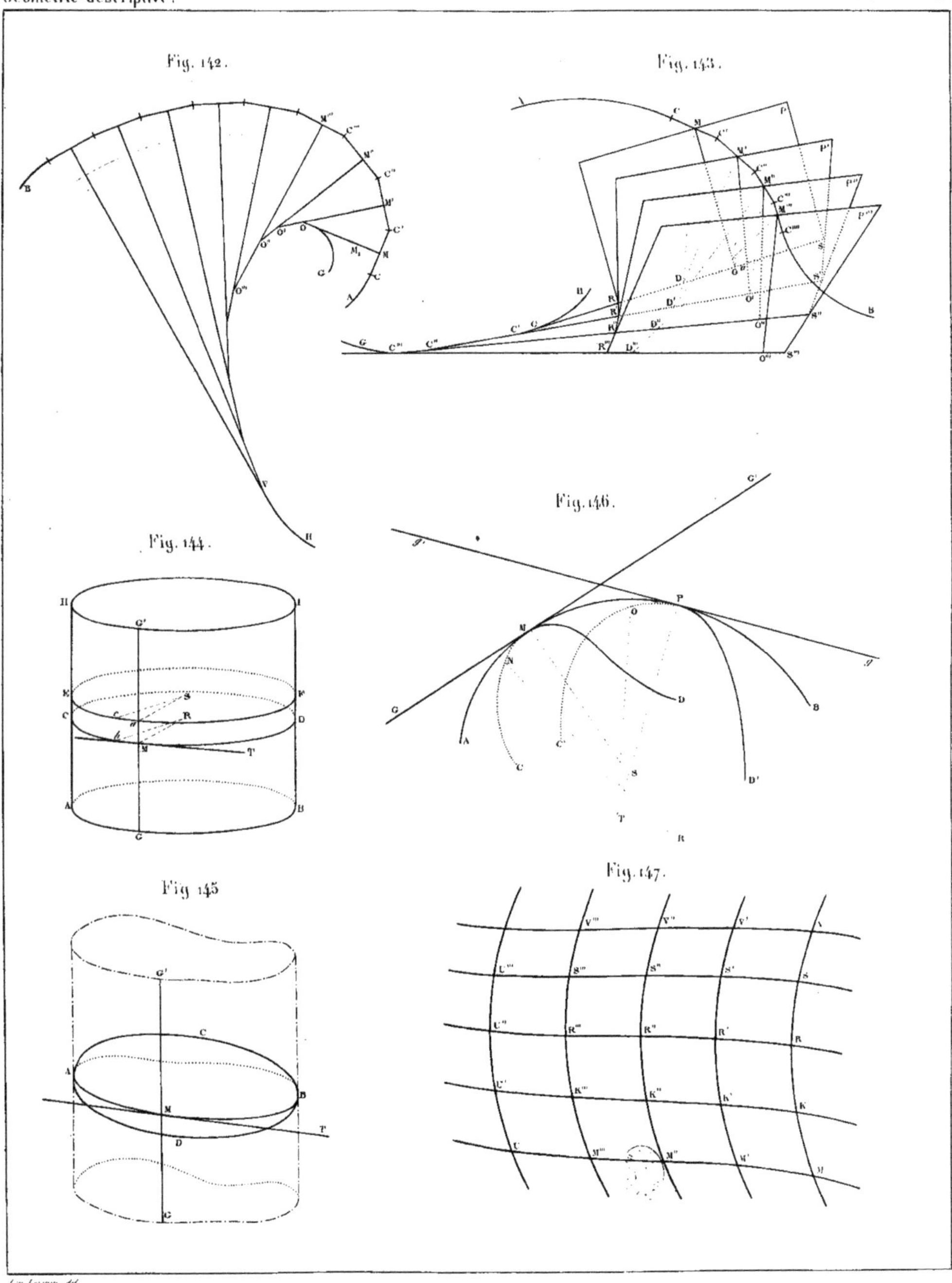
Fig. 142.
Fig. 143.
Fig. 144.
Fig. 145
Fig. 146.
Fig. 147.

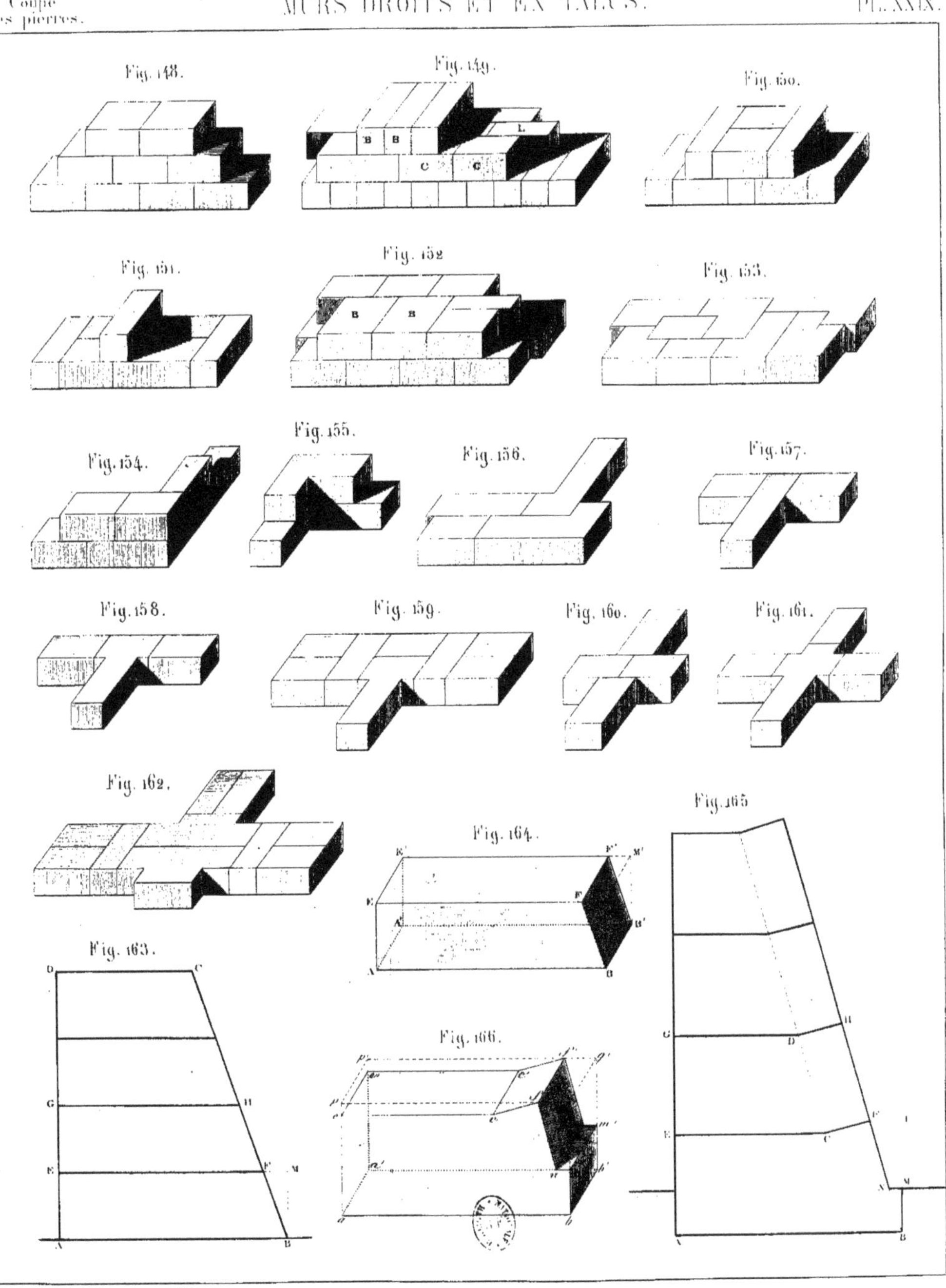


Em. Lejeune del.

Établ.t et imp.rie de A. Gandey, à Liège.

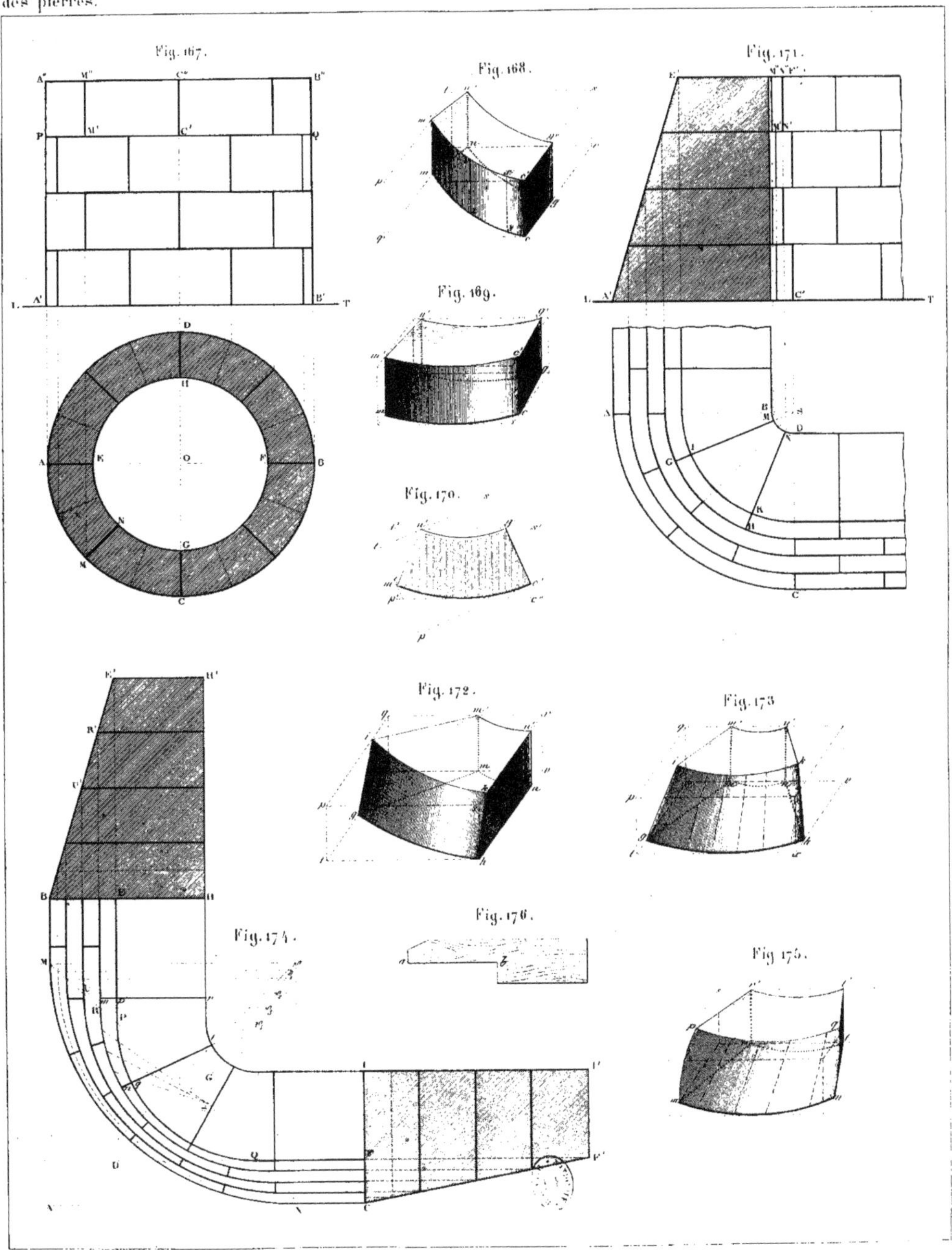
Fig. 167.
Fig. 168.
Fig. 169.
Fig. 170.
Fig. 171.
Fig. 172.
Fig. 173.
Fig. 174.
Fig. 175.
Fig. 176.

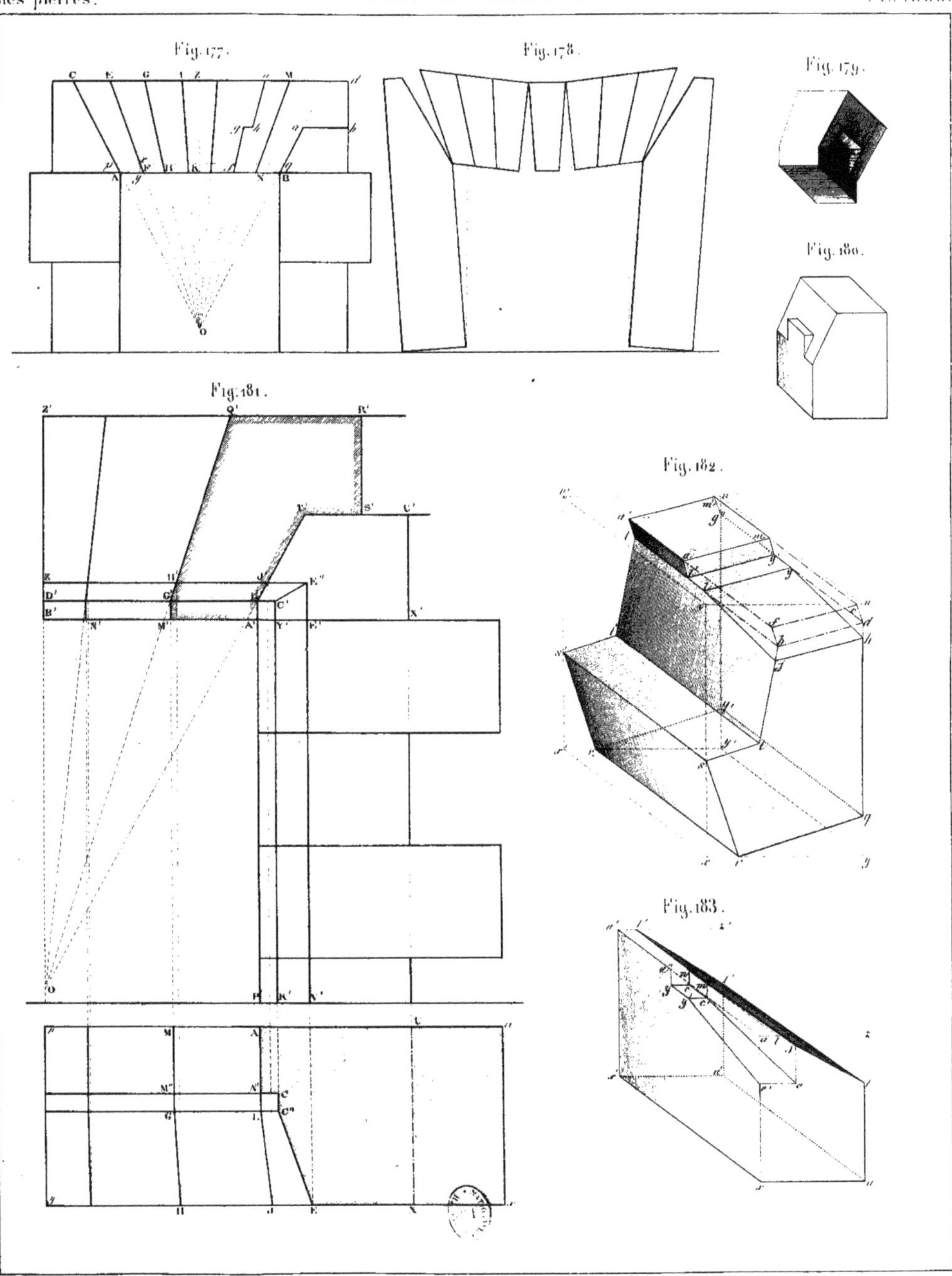


Em. Lejeune del.

# VOUTES PLATES.



Fig. 184.

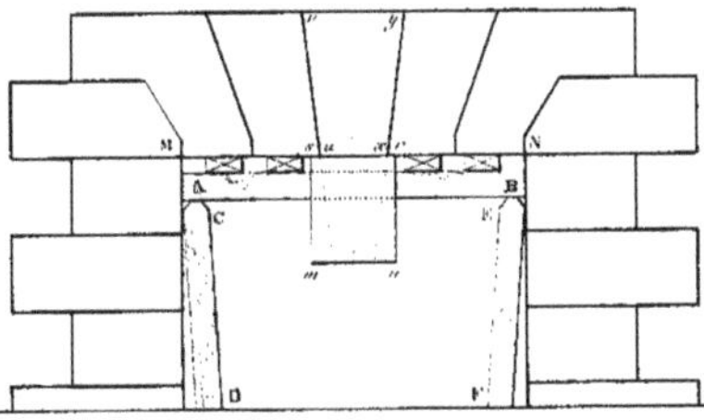

Fig. 185.

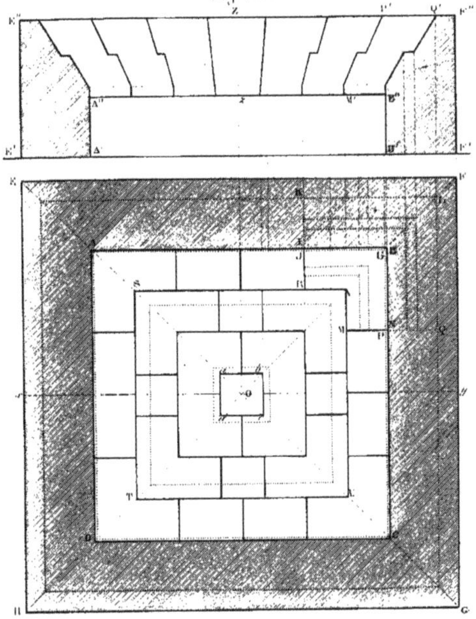

Fig. 186.

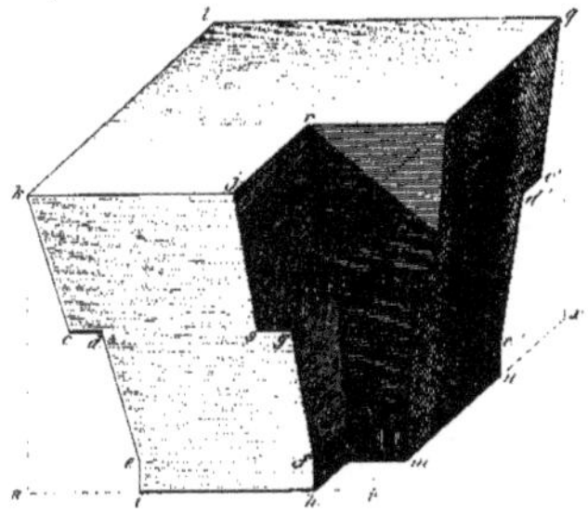

Fig. 187.

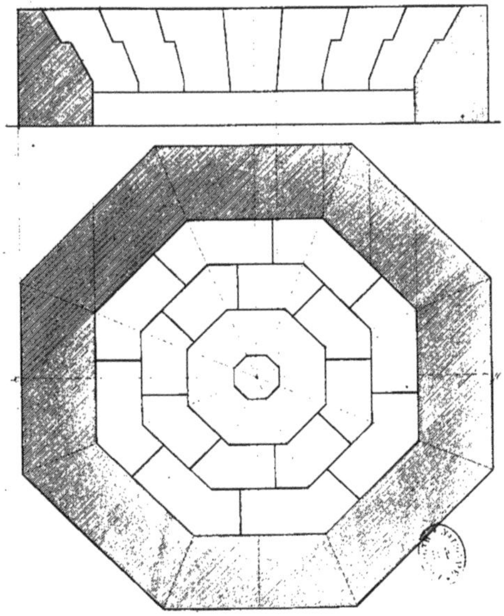

Fig. 188.

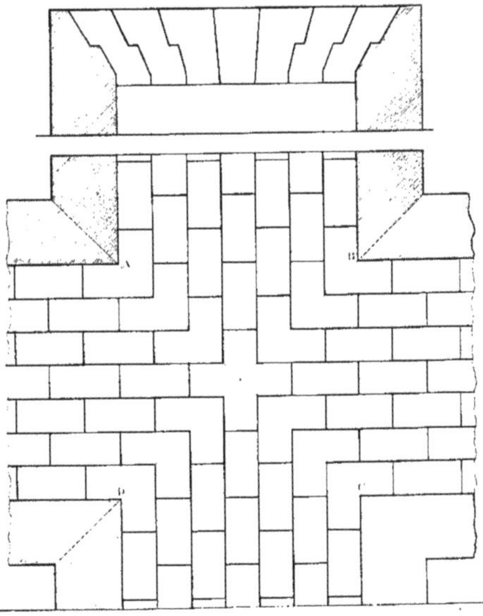

Em. Lejeune del.

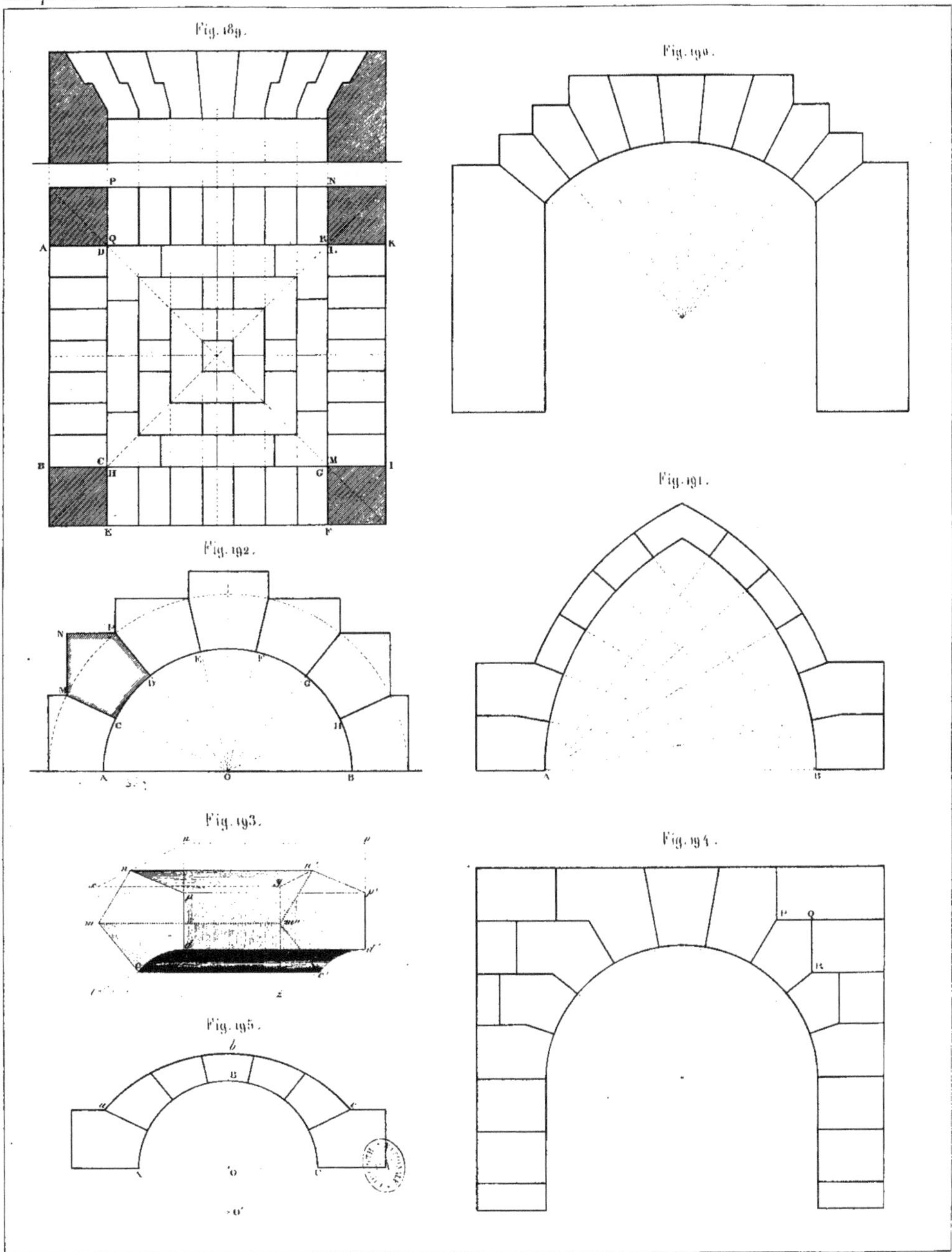


Em. Lejeune del

Établ^t et imp^rie de J. Baudry, à Liège.

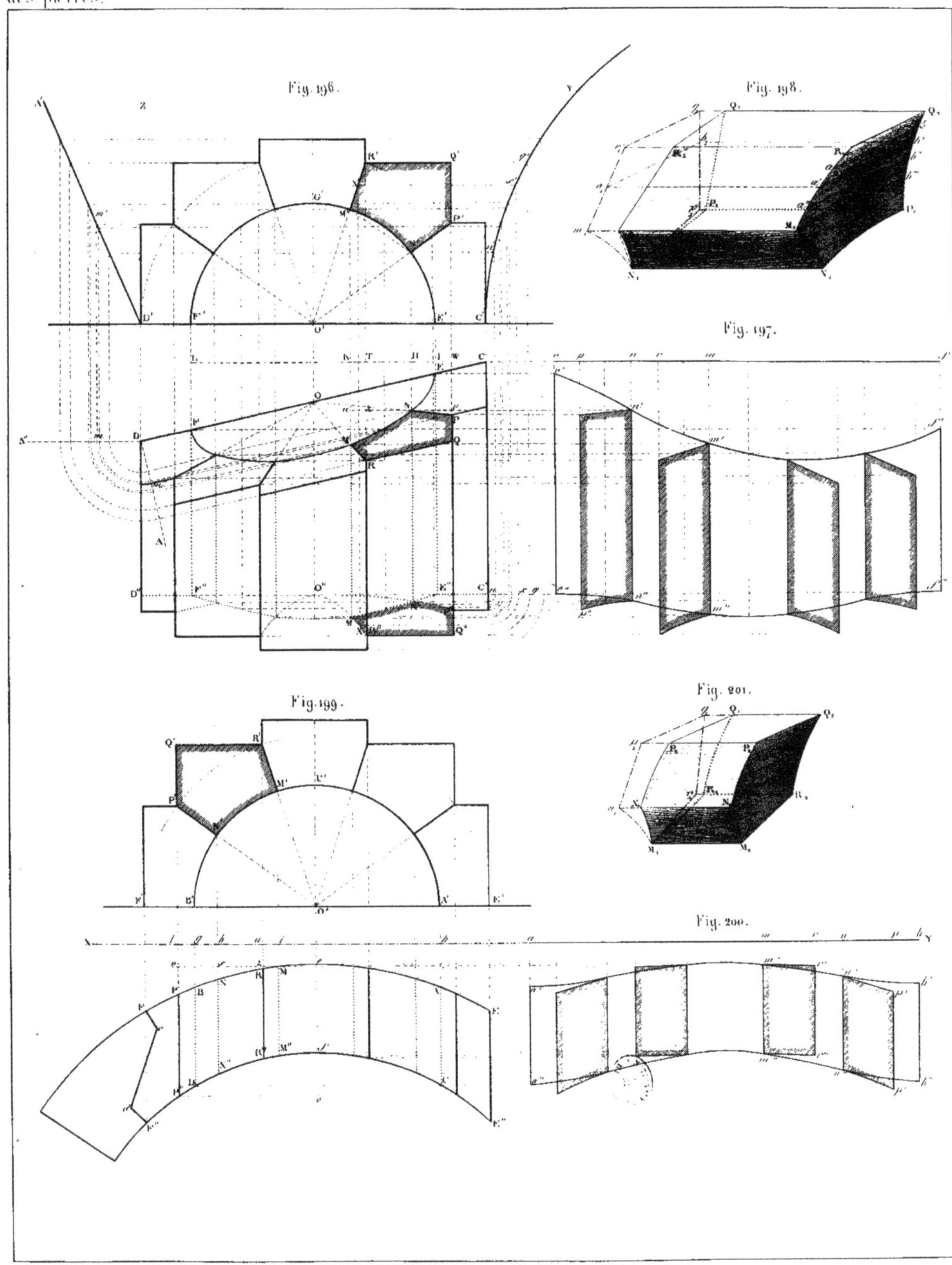


Em. Lejeune del.

Etabl. et imp. de J. Goudry, à Liège.

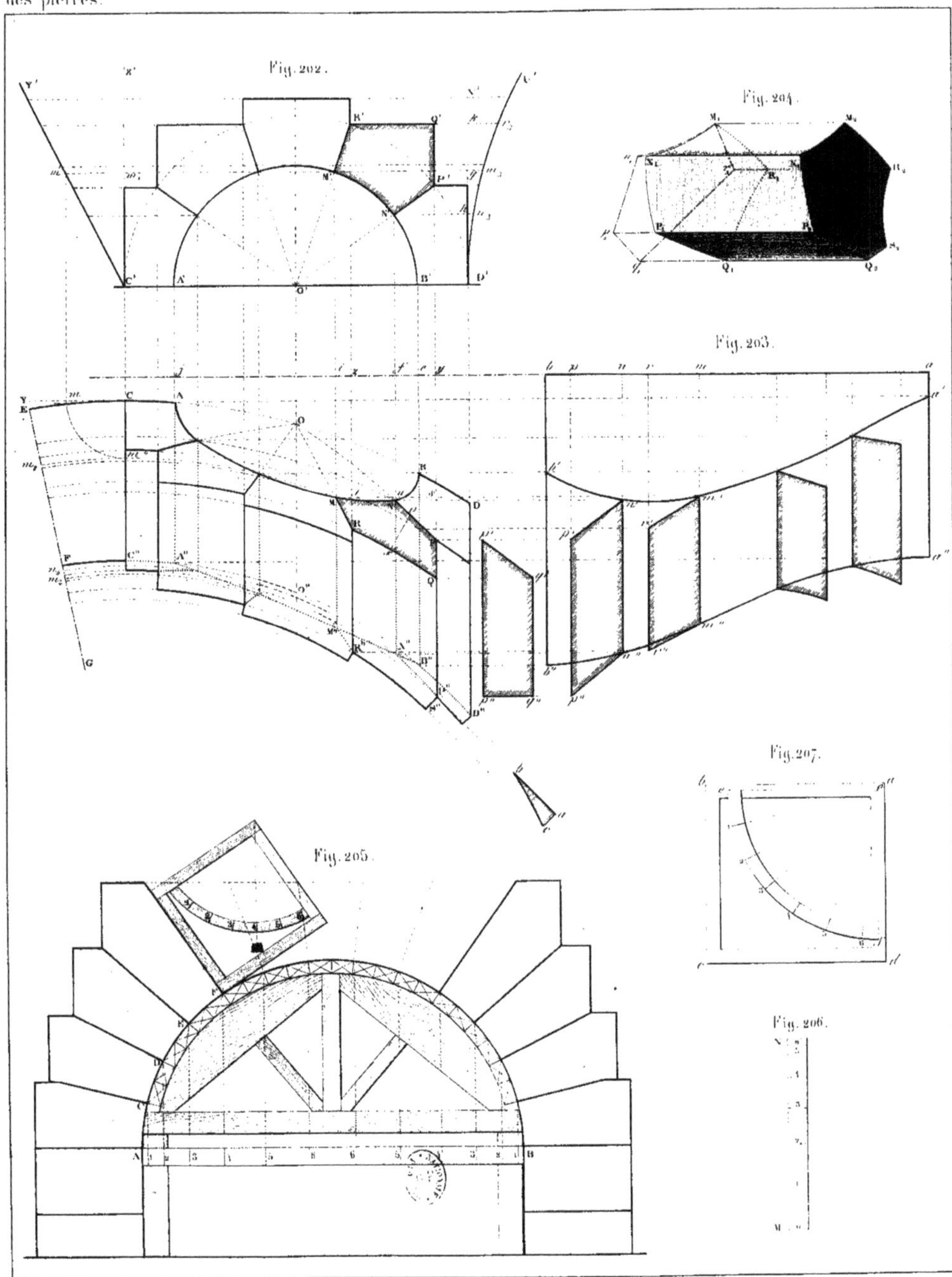


Em. Lejeune del.

Etabl.t et impr.ie de J. Baudry, à Liège.

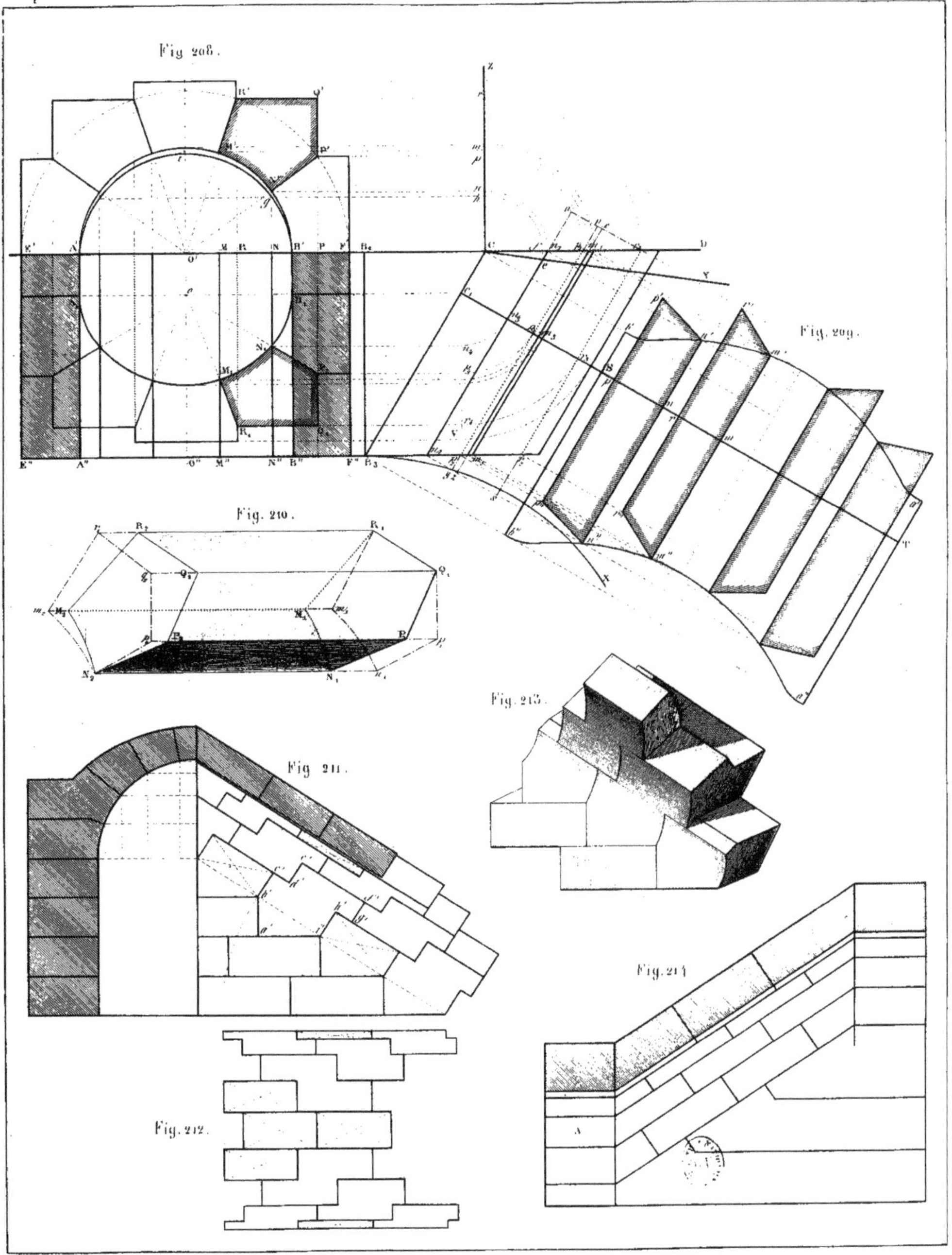


Em. Lejeune del.

Fig. 215.

Fig. 216.

Fig. 217.

Fig. 218.

Fig. 219.

Fig. 220.

Em. Lejeune del.

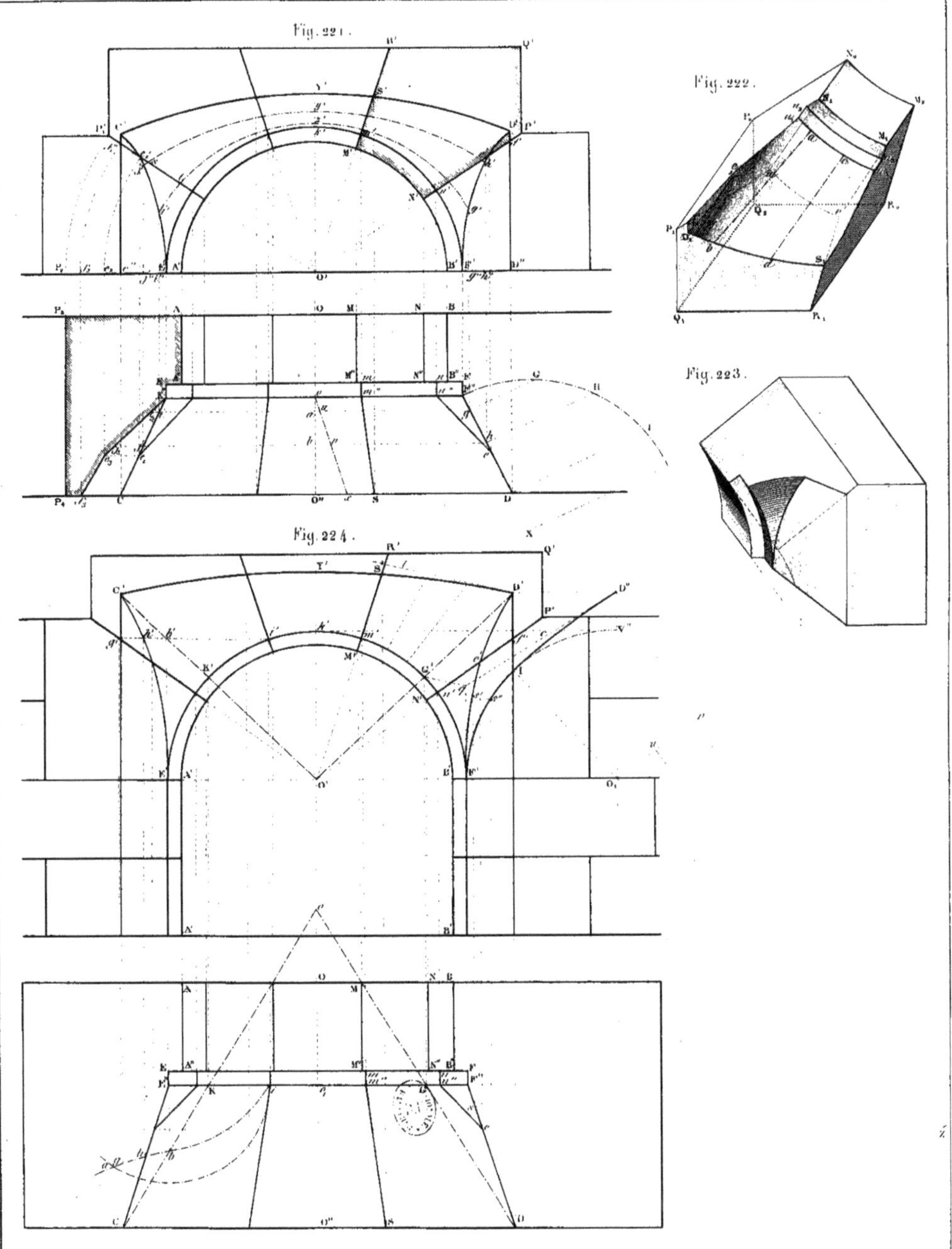
Fig. 221.
Fig. 222.
Fig. 223.
Fig. 224.

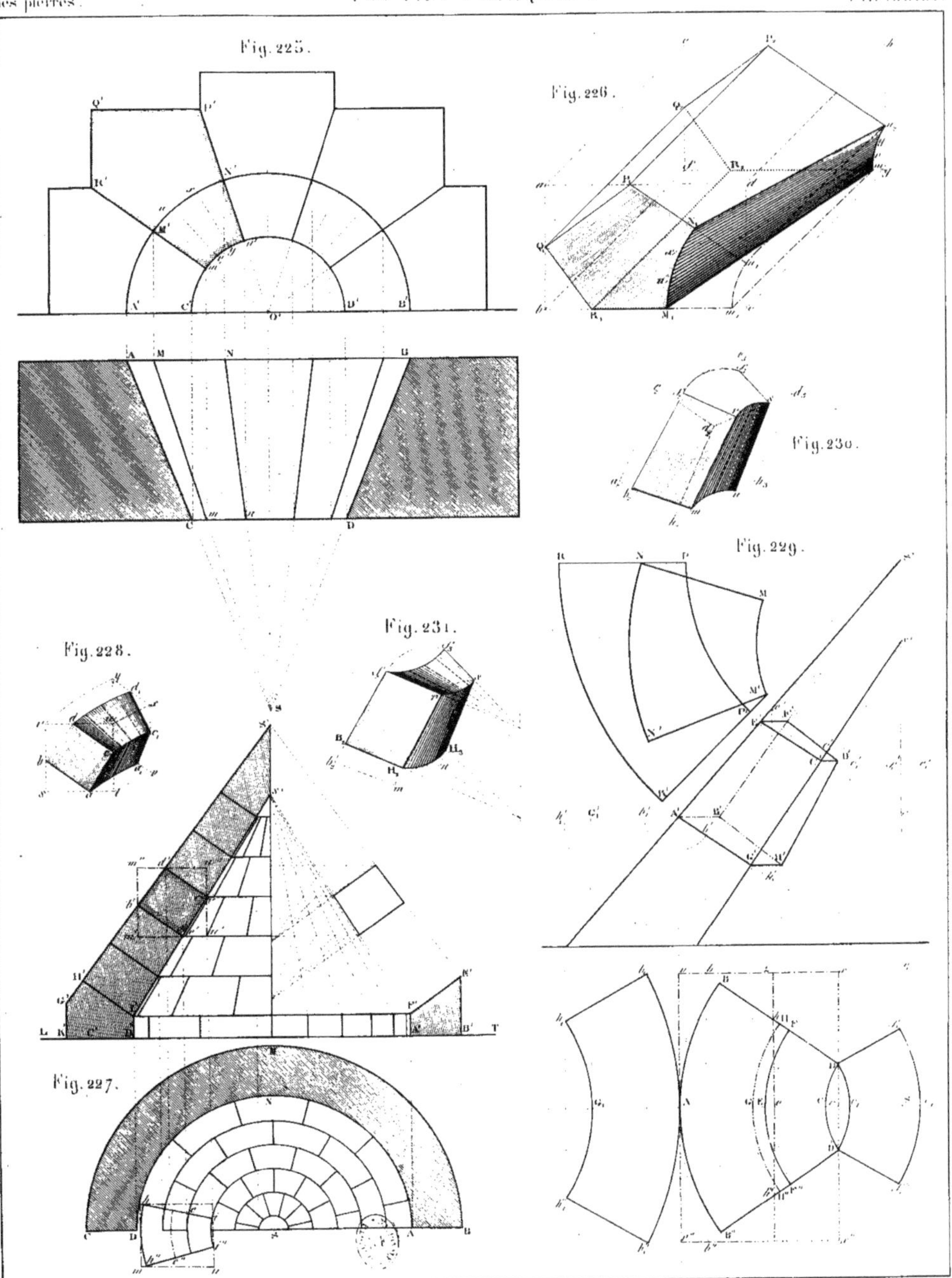


Em. Lejeune del.
Etabl.t et imp.rie de J. Baudry, à Liège.

# VOÛTES CÔNIQUES ET TROMPES.



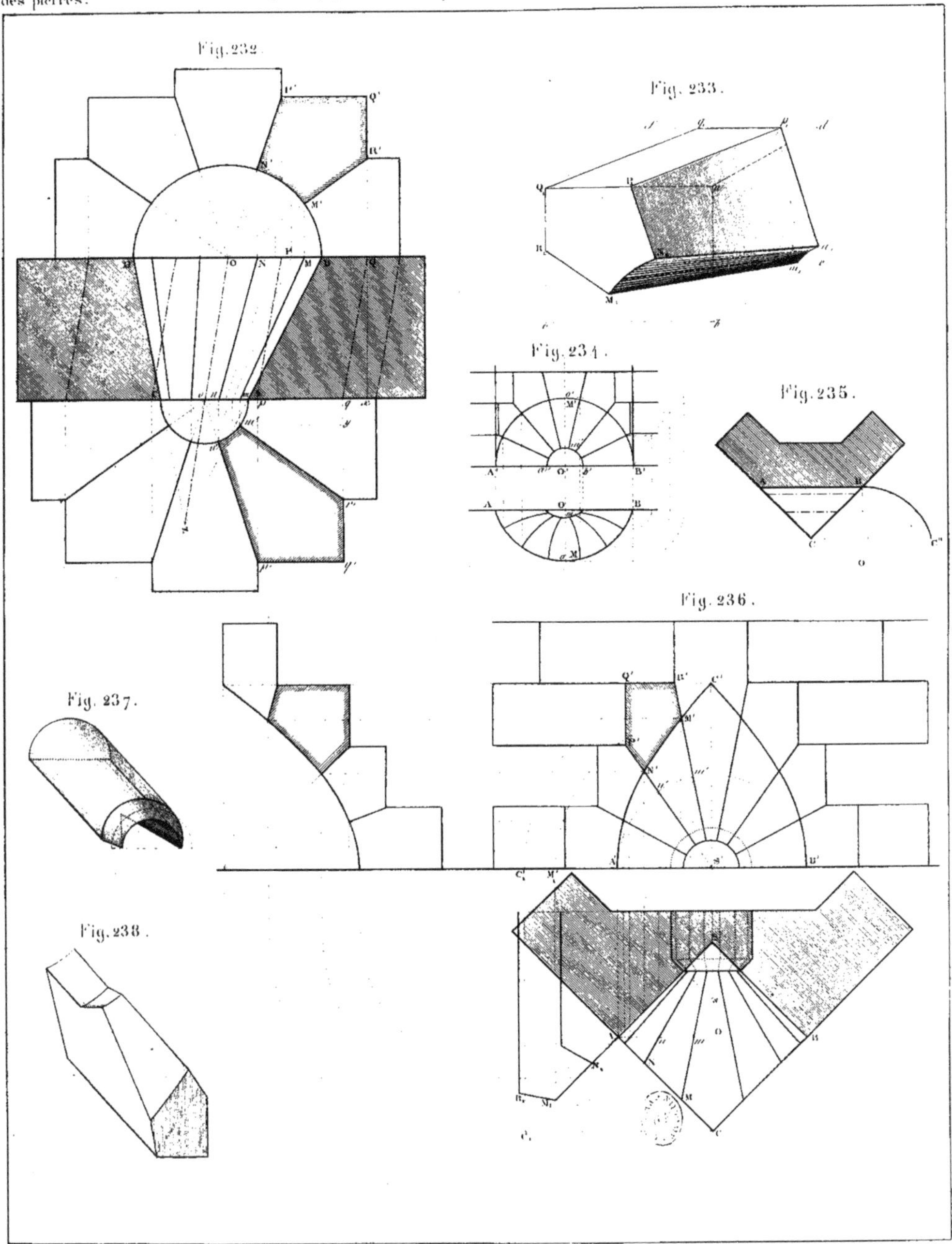


Em. Lefevre del.

# VOÛTES SPHÉRIQUES.



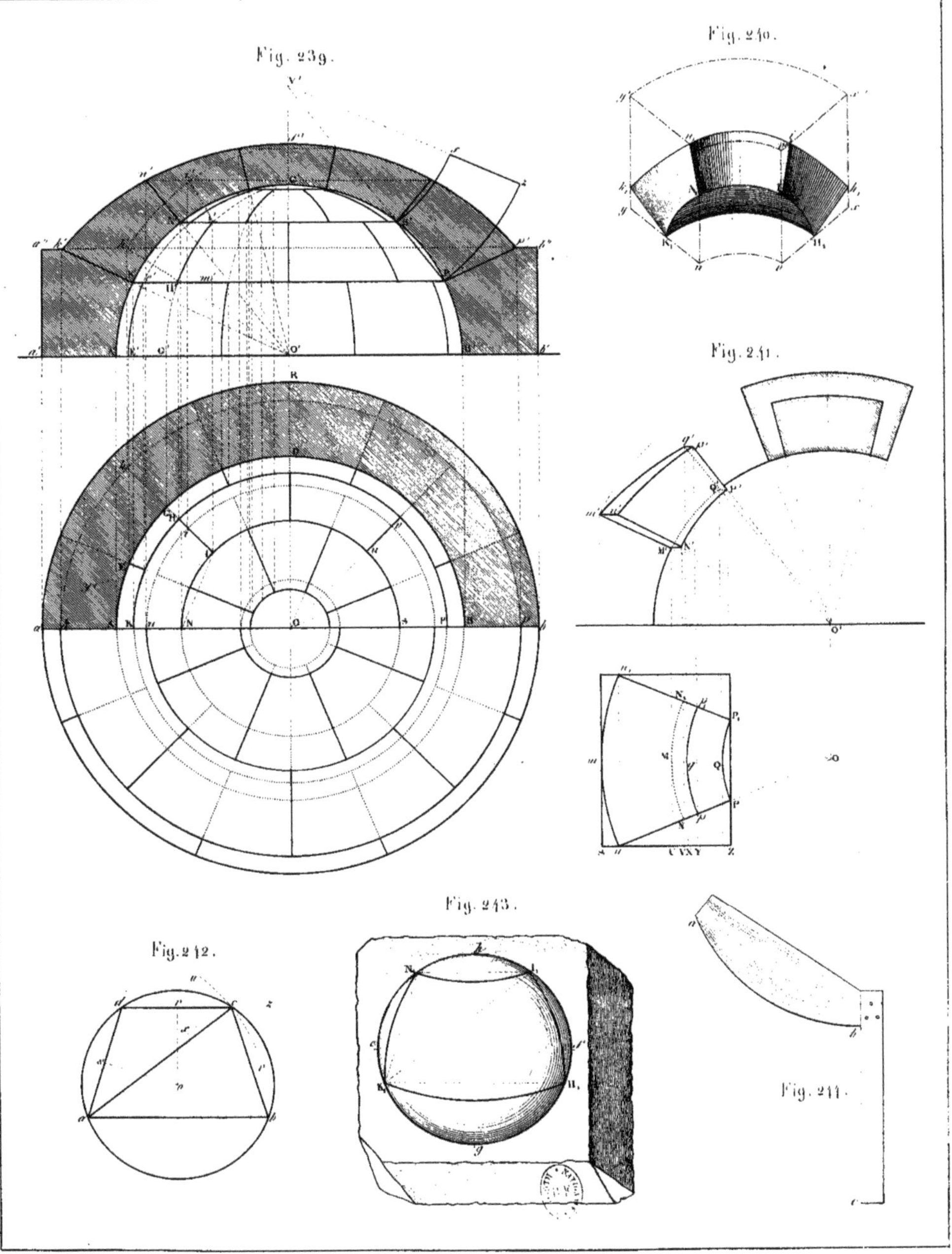


Em. Lejeune, del.

Etabl.t et imp.ie de J. Gaudry, à Liège.

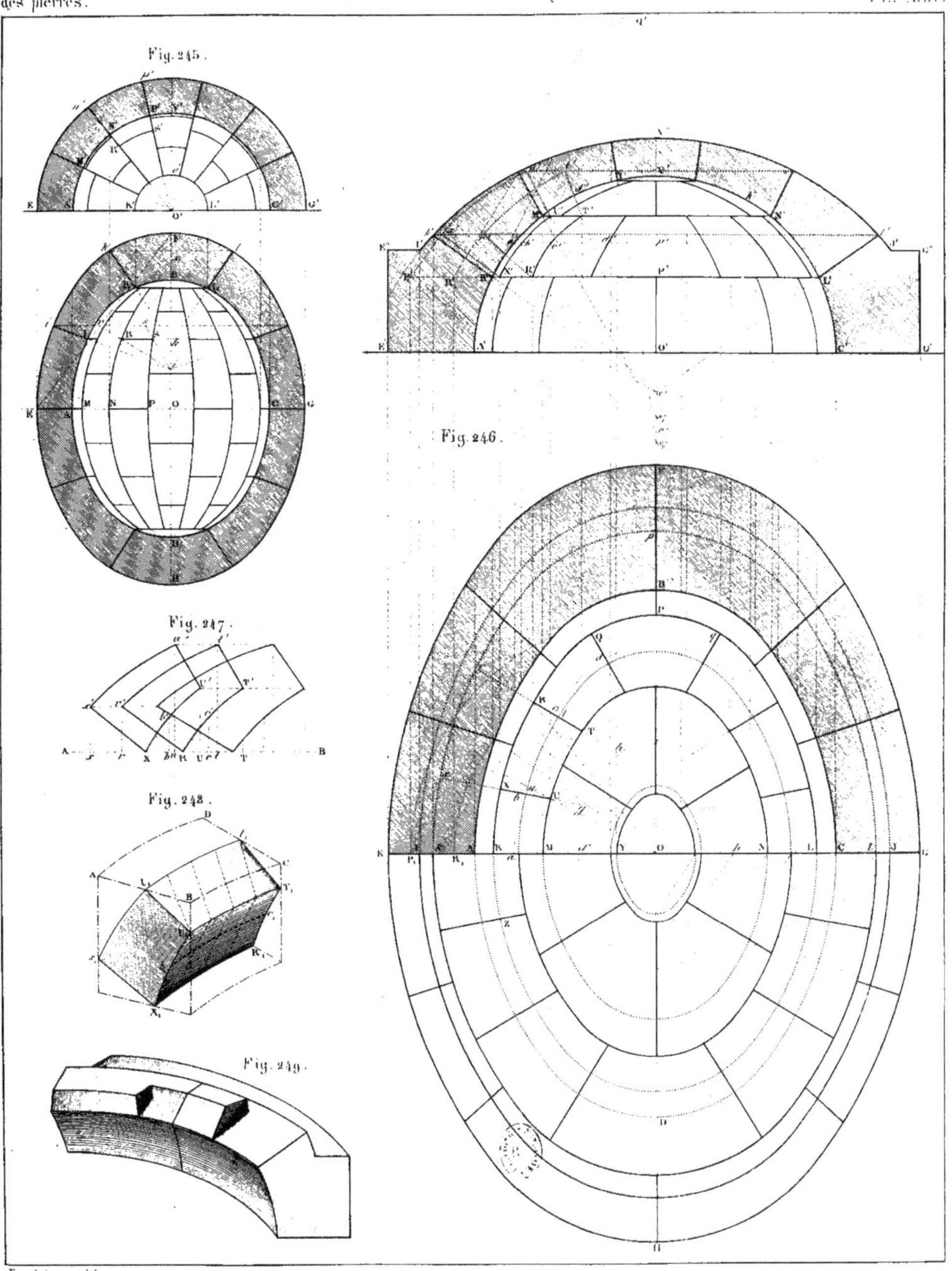


Em. Lejeune del.

Établ^t et imp^ie de J. Baudry à Liège.

Fig. 250.

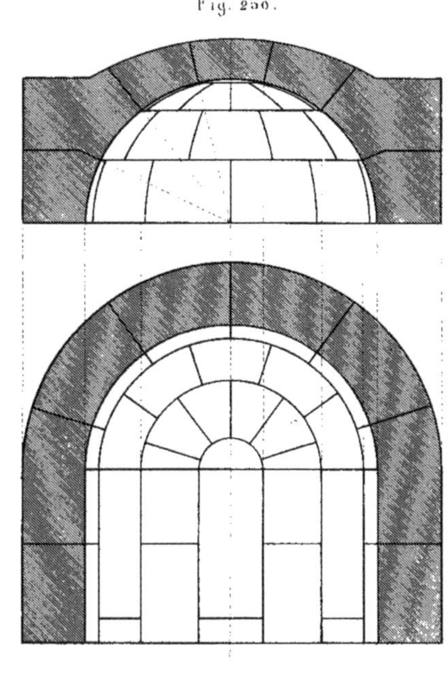

Fig. 251.

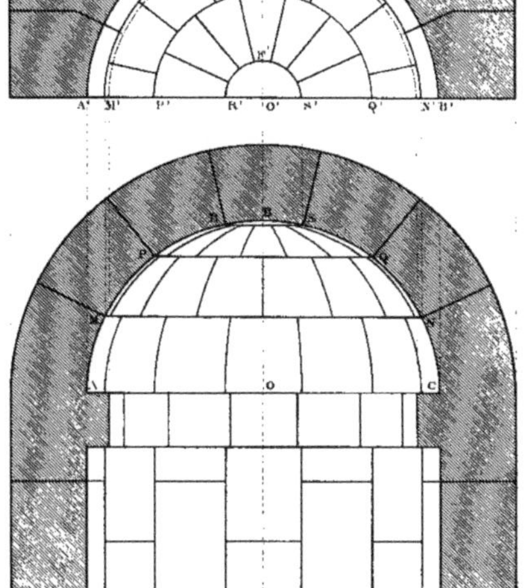

Fig. 252.

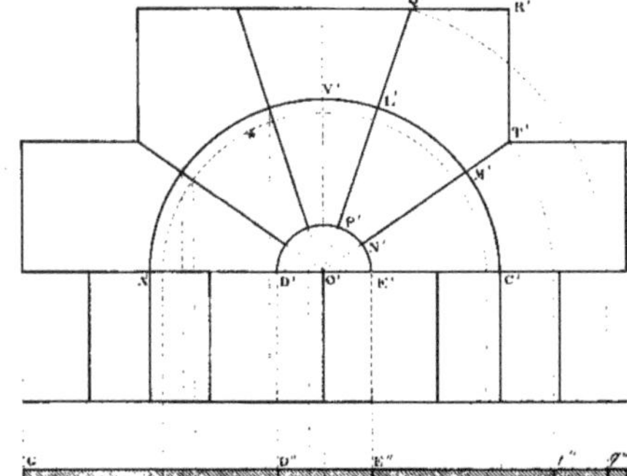

Fig. 253.

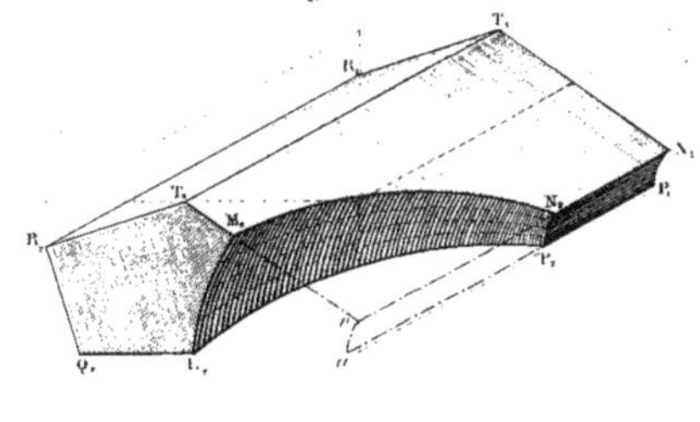

Fig. 254.

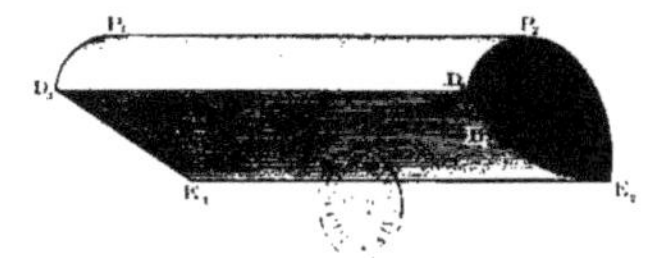

Em. Lejeune del.

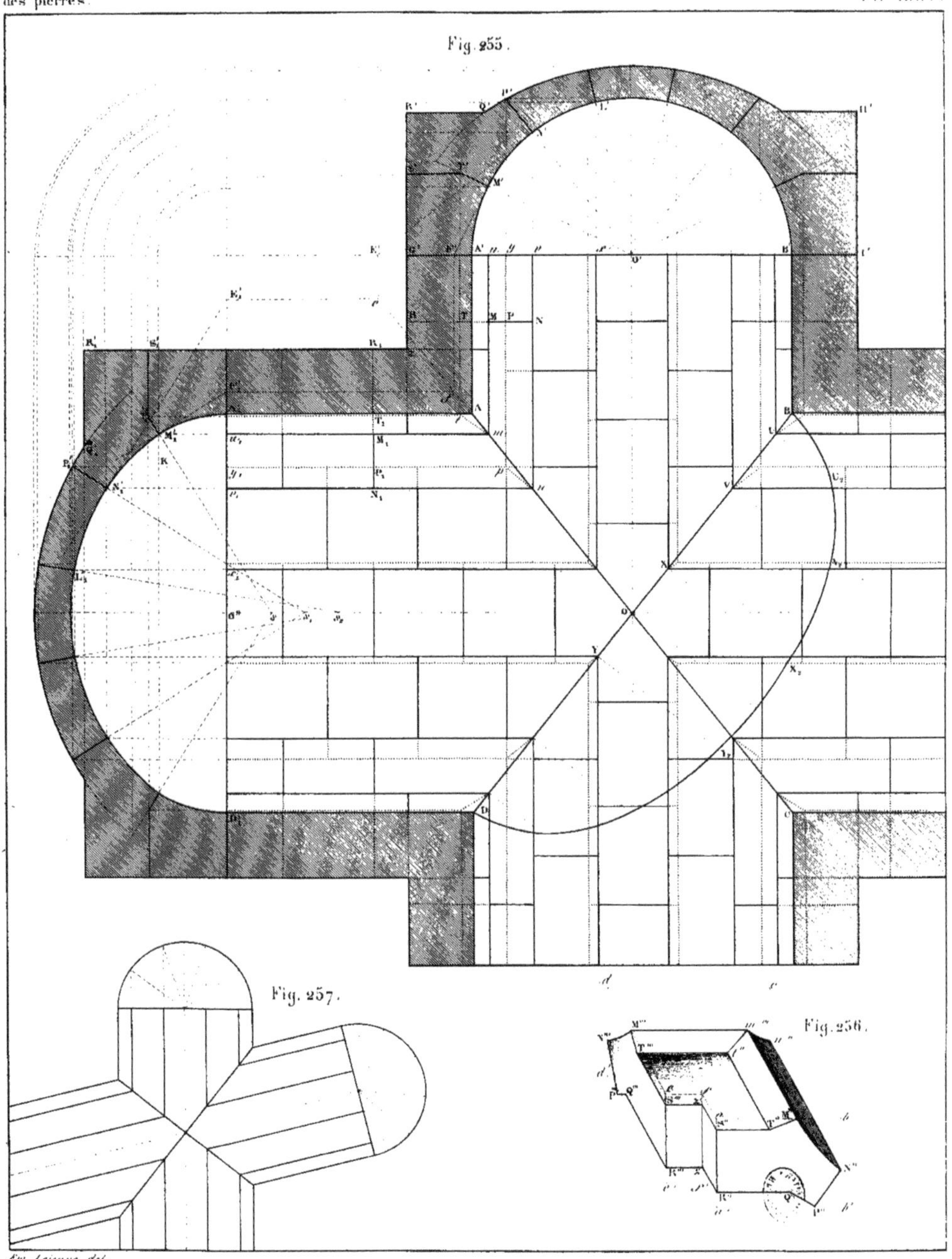


Em. Lejeune del.

Établ.t et imp.ie de J. Baudry, à Liége.

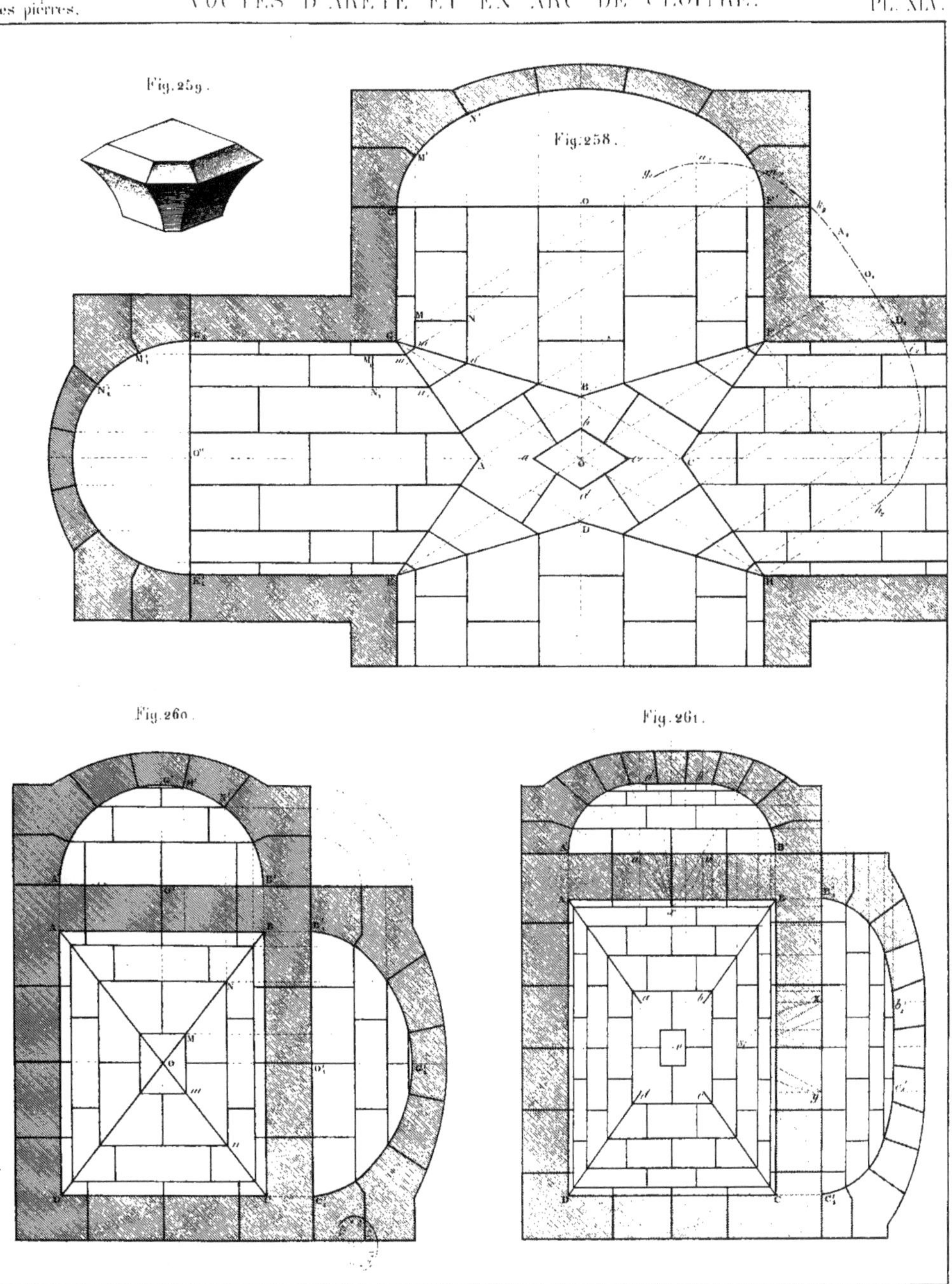


Em. Lejeune del.
Etabl.t et imp.ie de J. Baudry, à Liège.

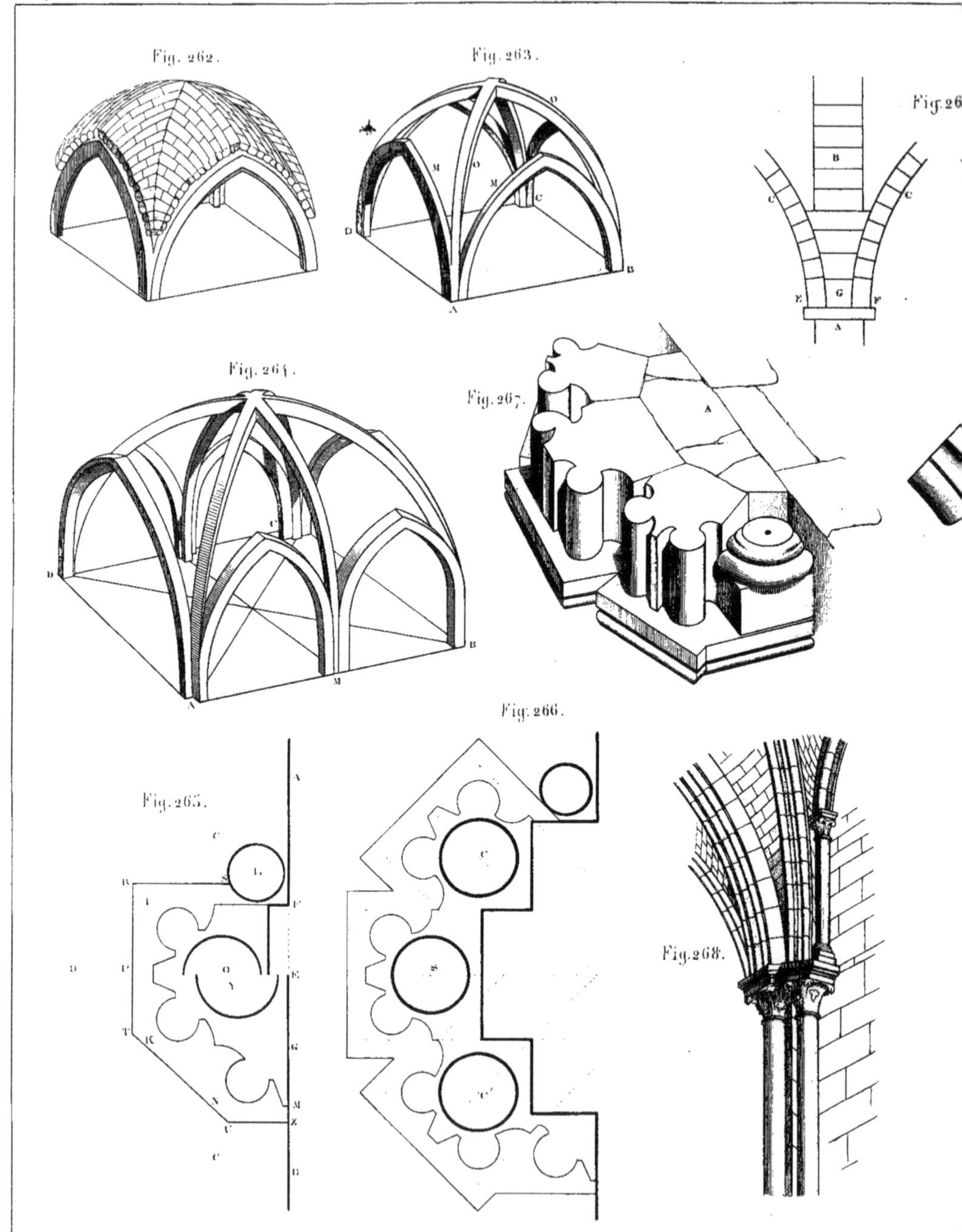
Fig. 262.
Fig. 263.
Fig. 264.
Fig. 265.
Fig. 266.
Fig. 267.
Fig. 268.
Fig. 26

ndey, à Liège.

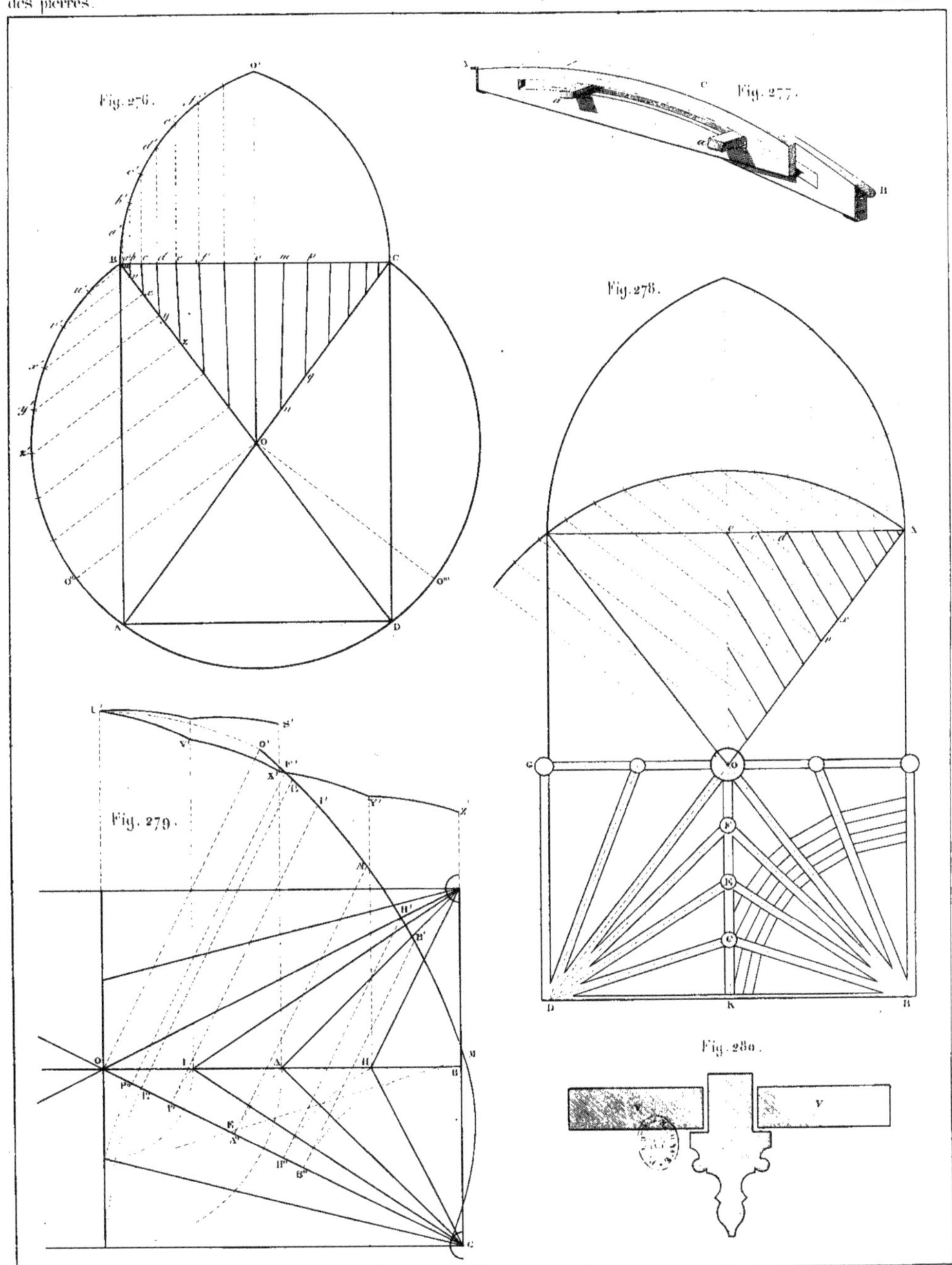


Em. Lejeune del.

Établ.t et impr.ie de J. Gauary, à Liège.

# VOÛTE D'ARÊTE EN TOUR RONDE.



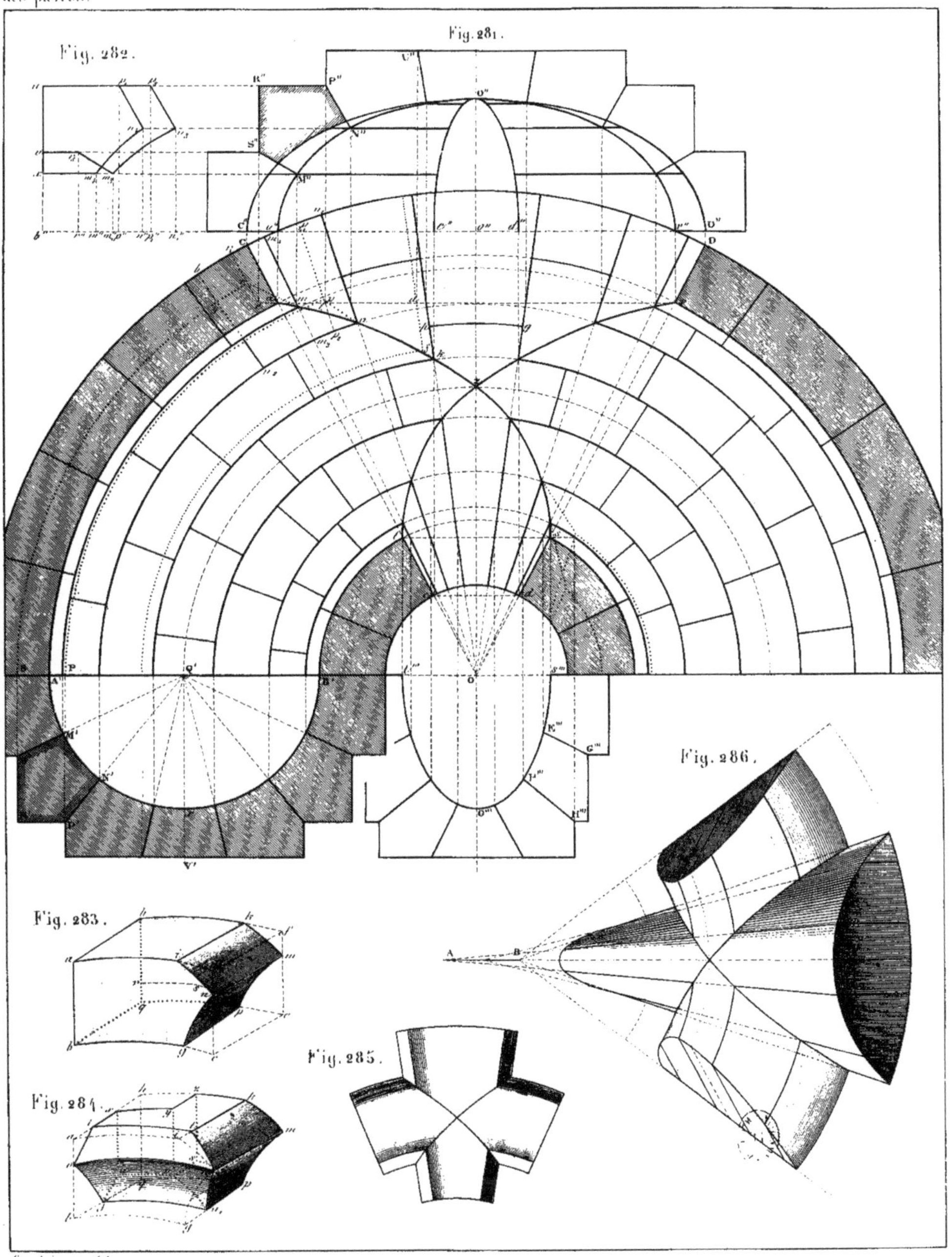


Em. Lejeune del.

Etabl.t et imp.ie de J. Baudry, à Liège.

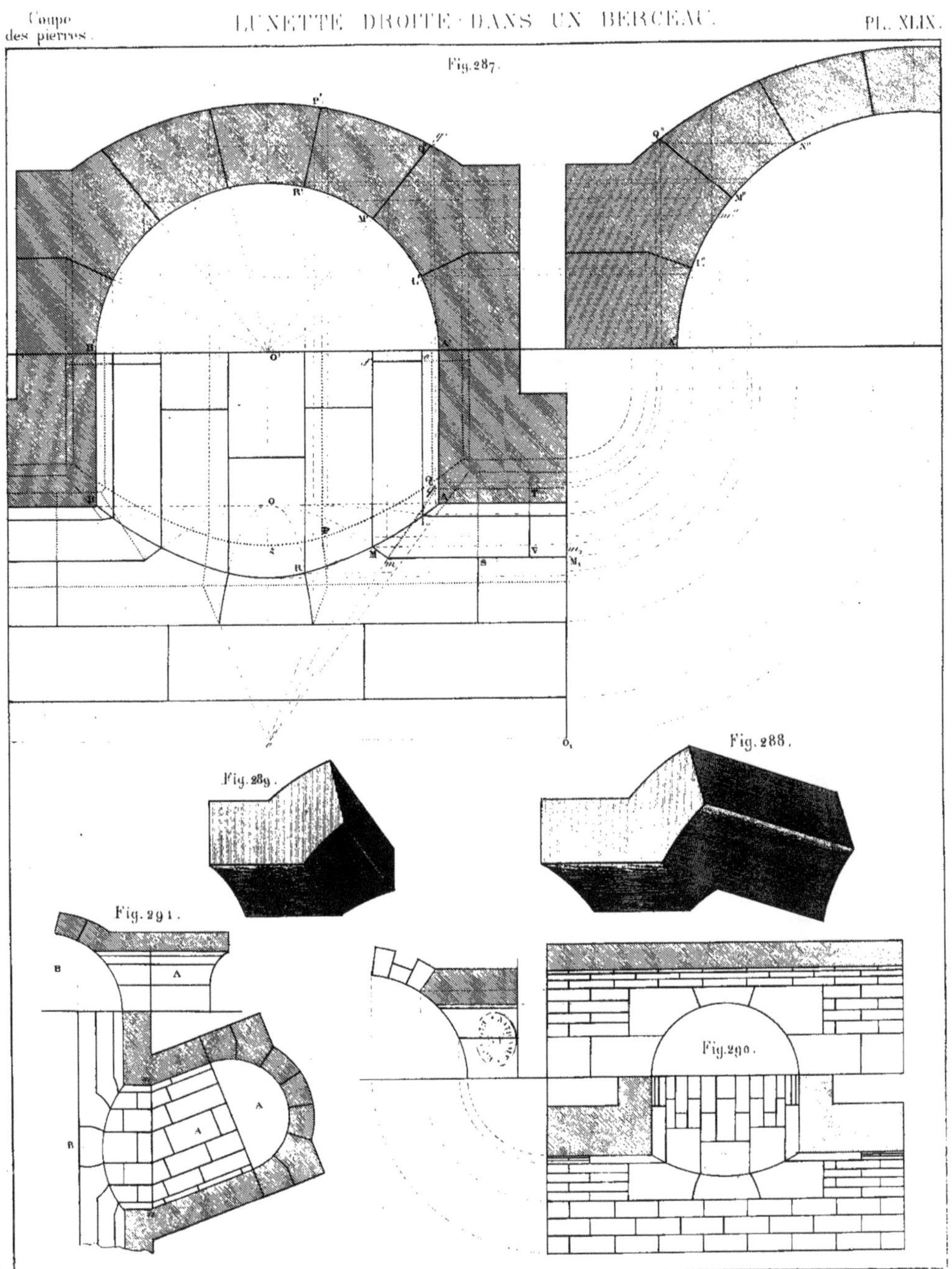


Em. Lejeune del.

Etabl.t et imp.ie de J. Baudry à Liège.

# LUNETTE BIAISE DANS UNE VOÛTE SPHÉRIQUE.



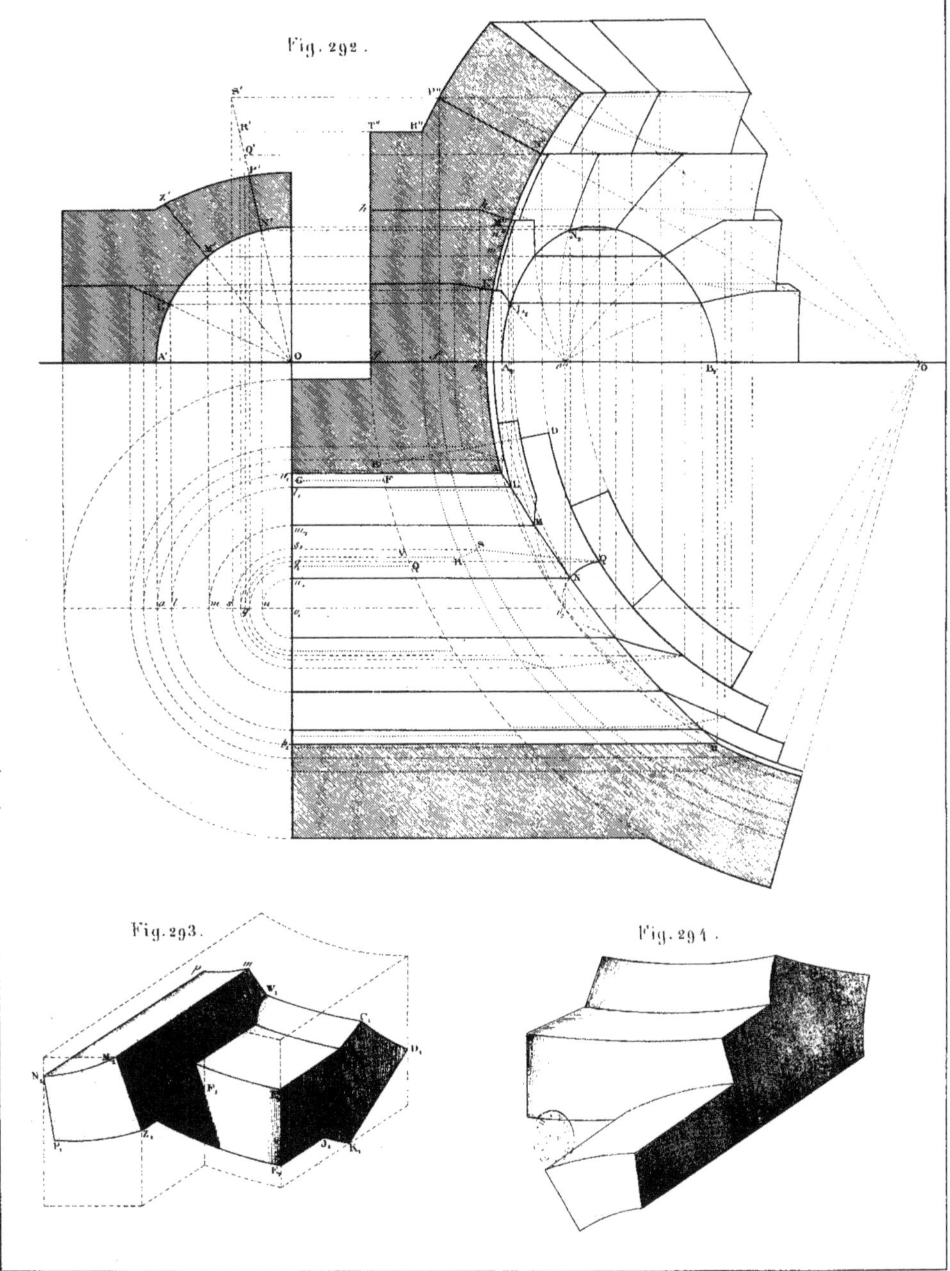


Em. Lejeune del.

Établ. et imp. de J. Baudry à Liége

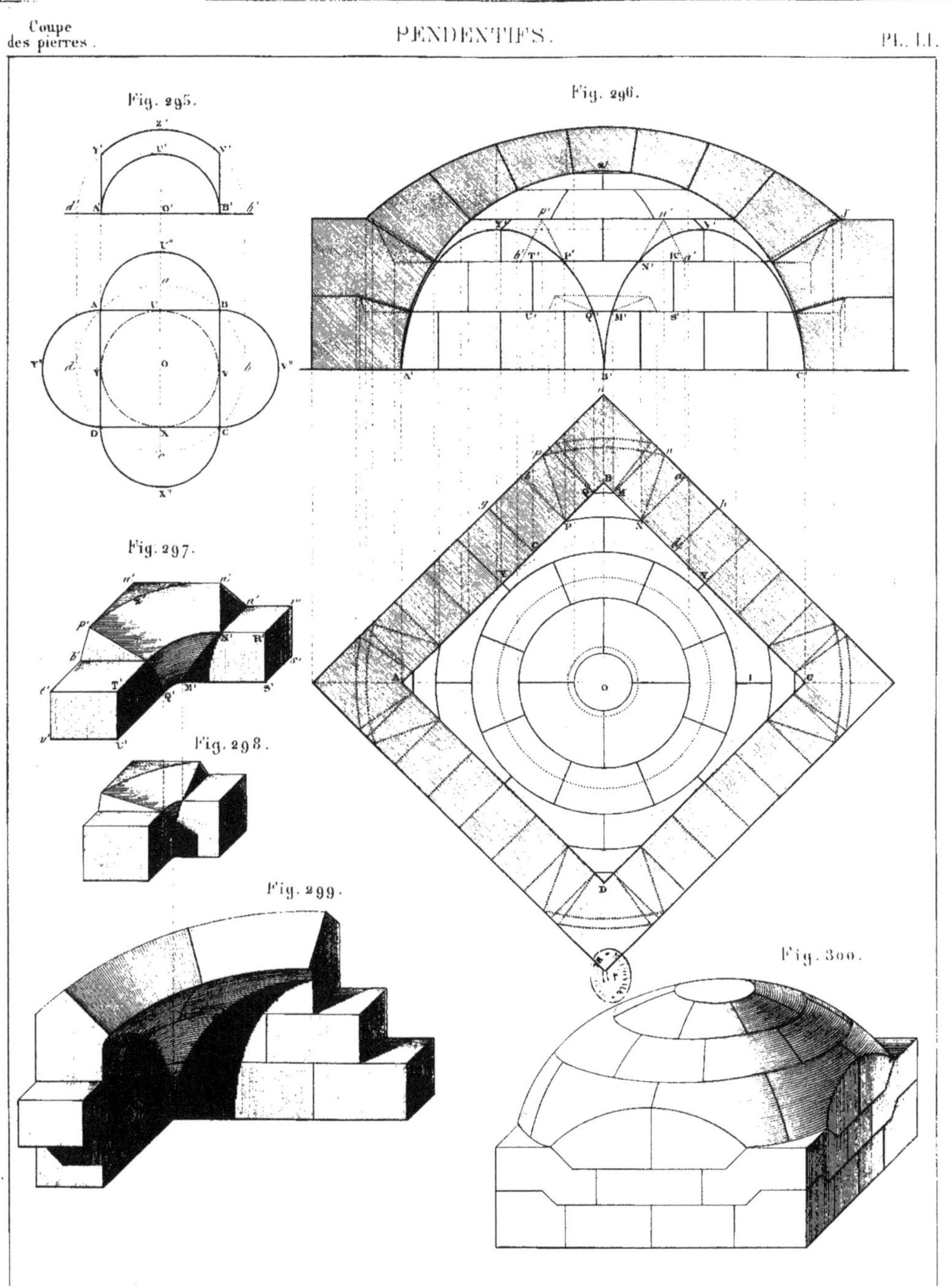


Em. Lejeune del.

Établ.t et imp.ie de J. Gaudeyo à Liége.

Em. Lejeune del.

Établ.t et imp.rie de J. Baudry, à Liège.

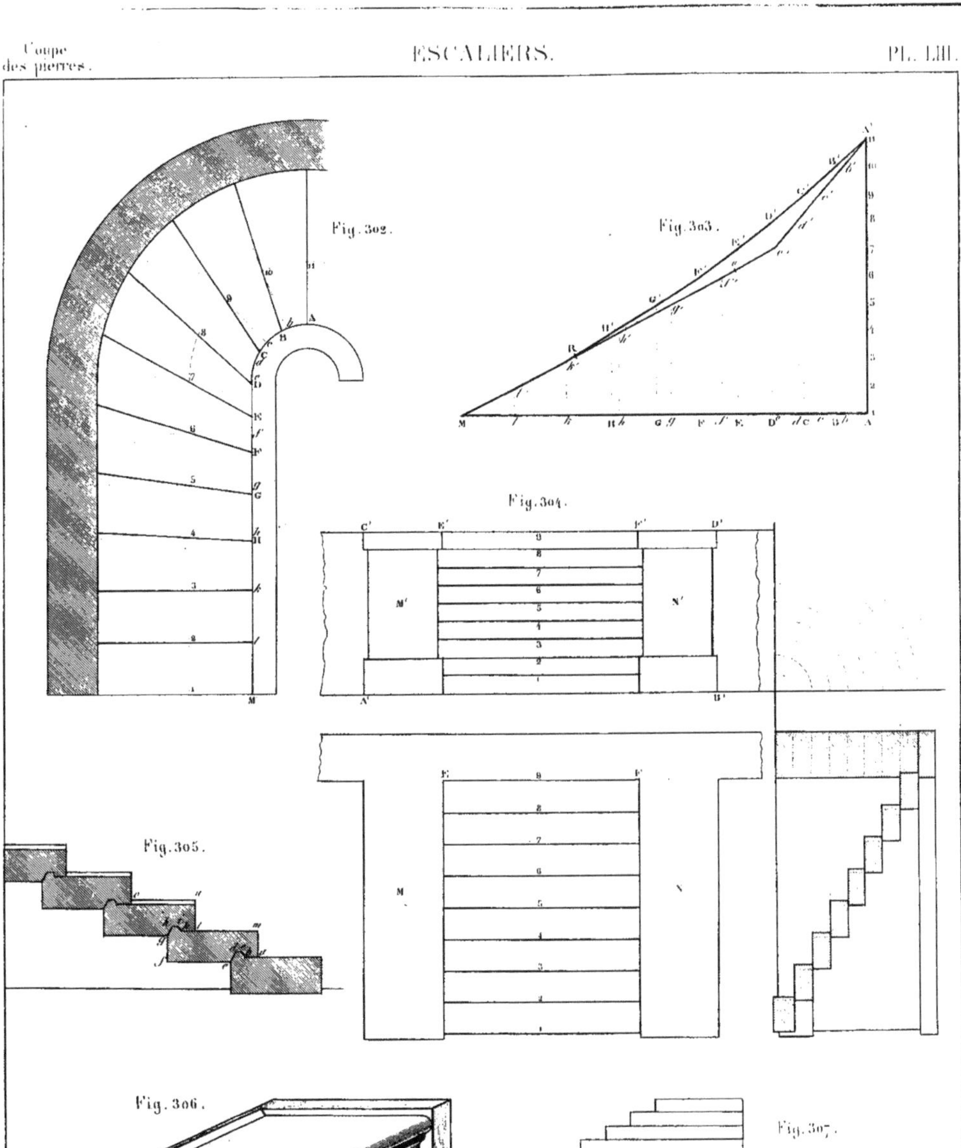


Gᵉˢ Lejeune del.

Établ^t et imp^rie de J. Boudry, à Liège.

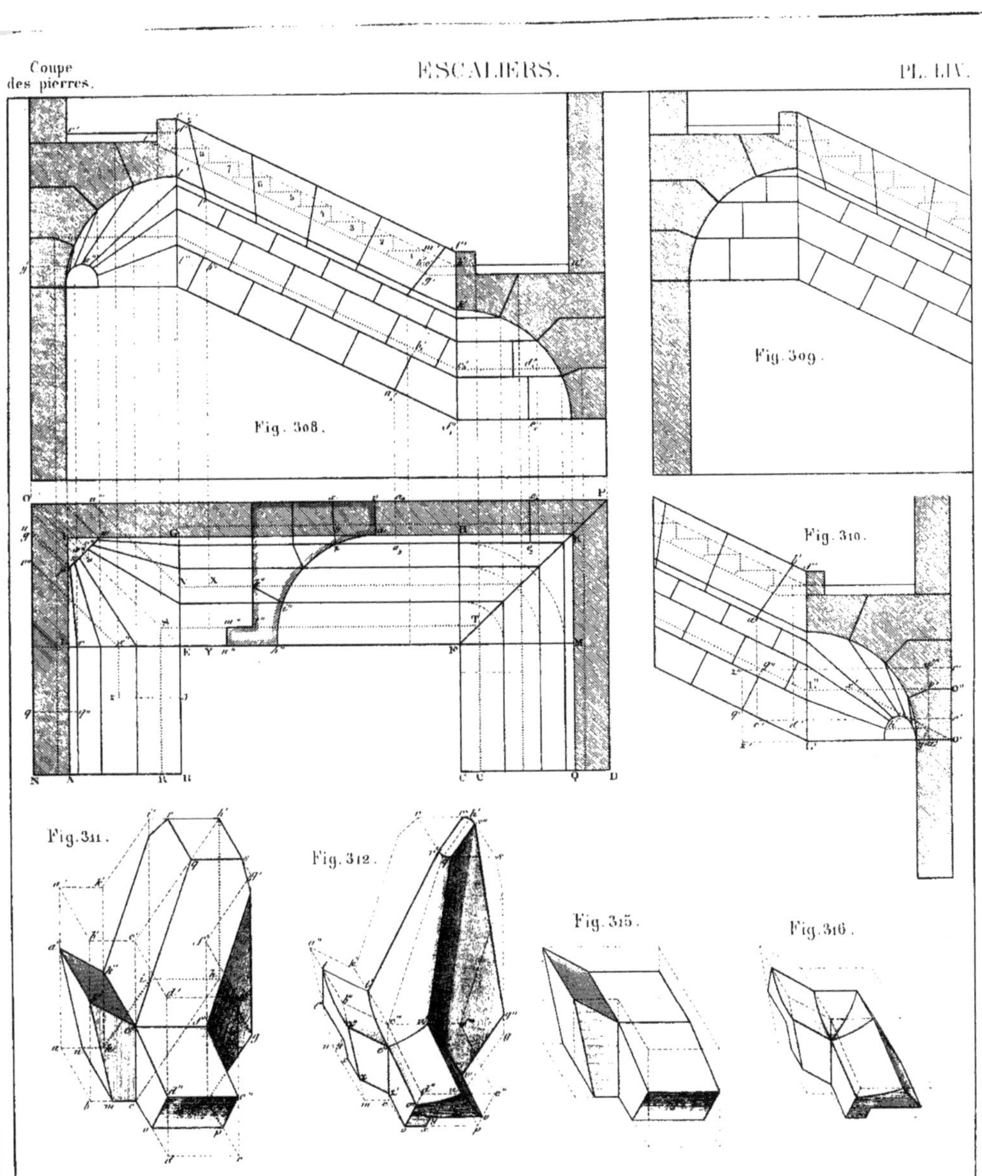


Em. Lejeune del.

Établ.t d'imp.ie de J. Baudry, à Liège.

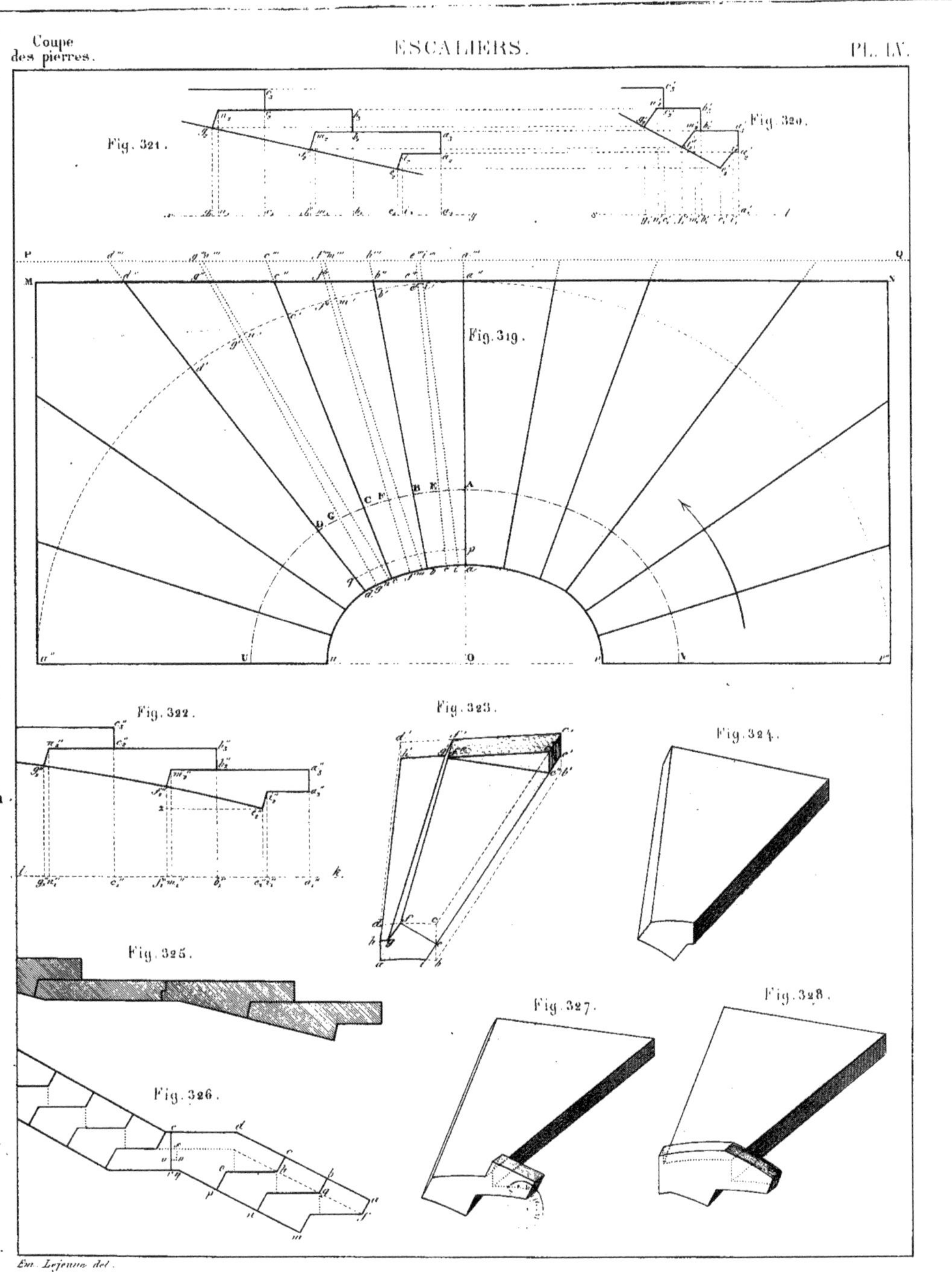


Em. Lejeune del.
Établ.t et imp.rie de J. Baudry, à Liège.

Fig. 340.

Fig. 341.

Fig. 342.

Fig. 343.

Fig. 349.

Fig. 344.

Fig. 345.

Fig. 330.

Fig. 347.

Fig. 348.

Fig. 335.

Fig. 350.

Fig. 346.

Em. Lejeune del.

Etabl.t et imp

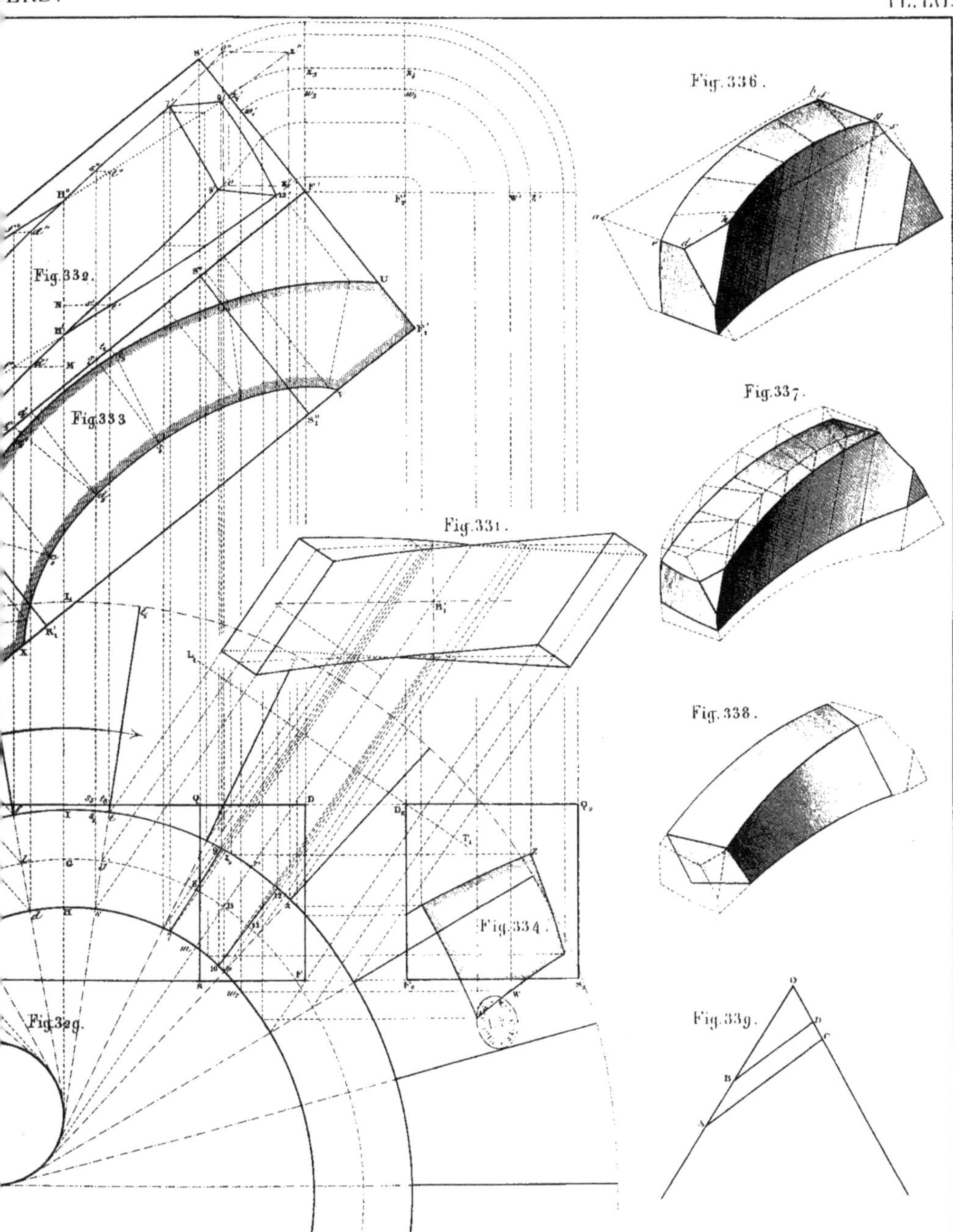


Baudry, à Liège.

Fig. 351.

Fig. 352.

Fig. 353.

Fig. 354.

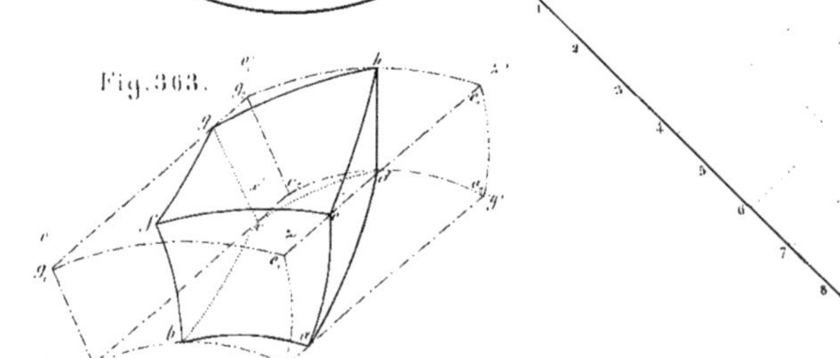

Fig. 363.

... del.

Établ.t et im...

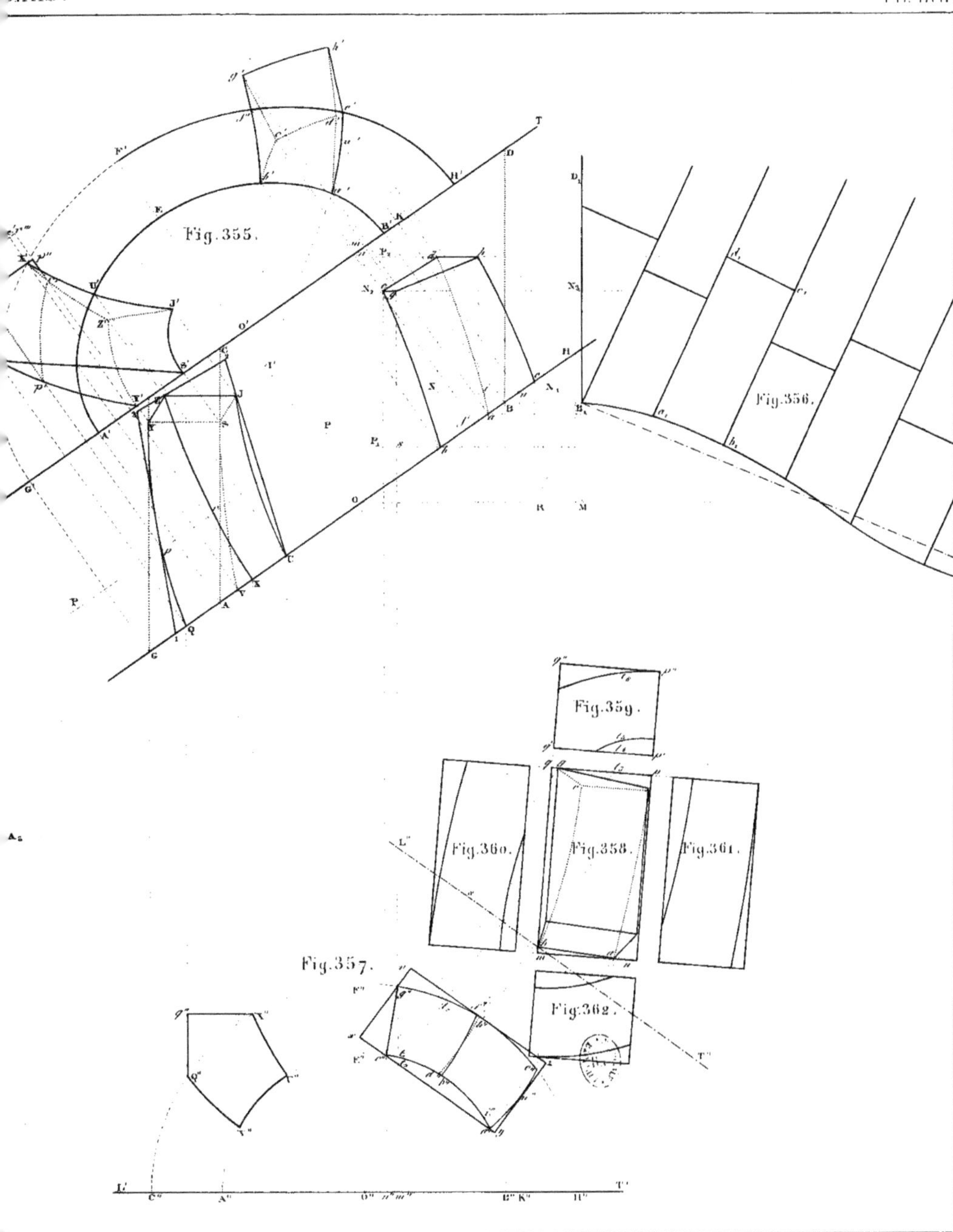


...ndry, à Liège.

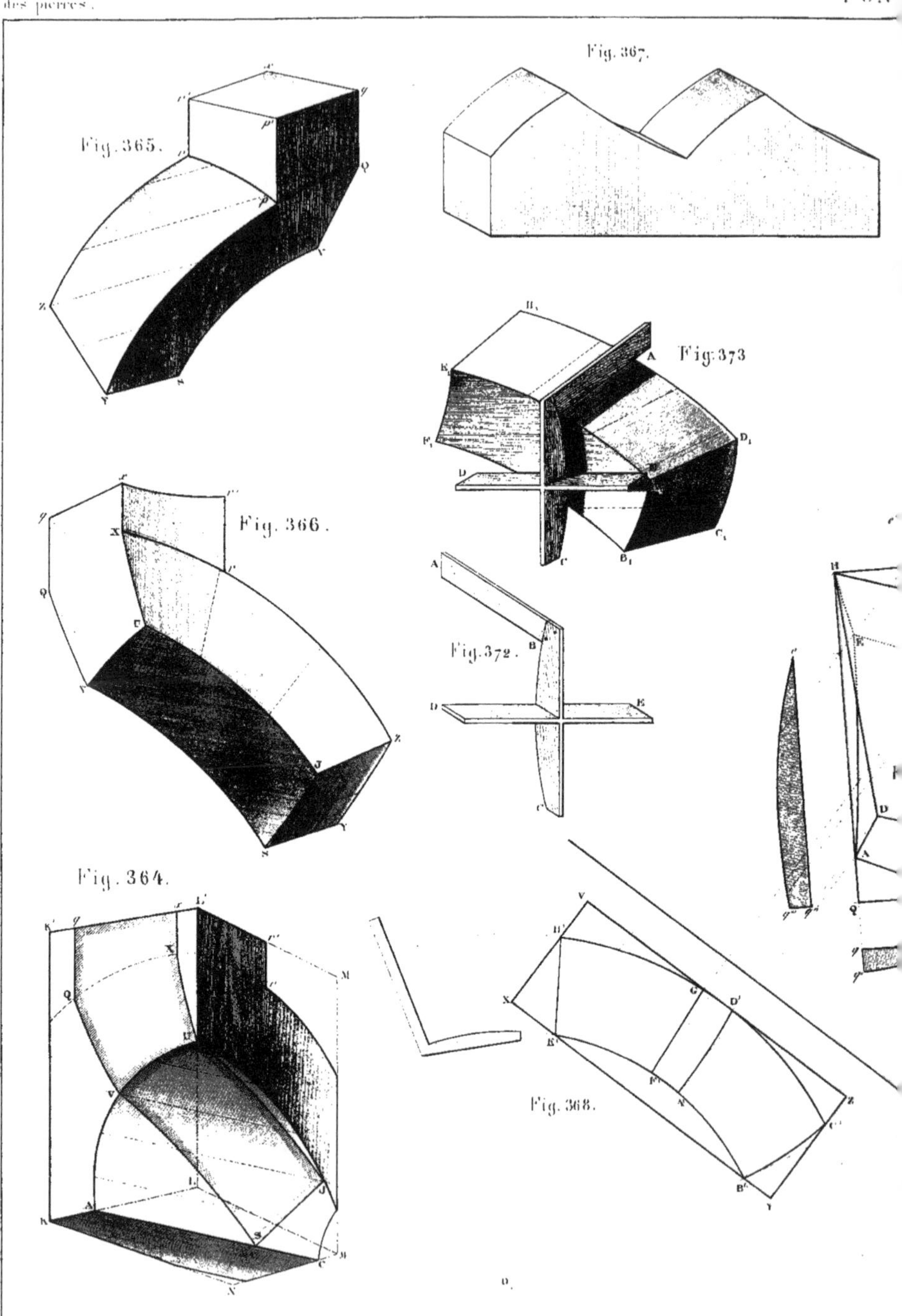


Em. Lejeune del.

Etabl.t et ...

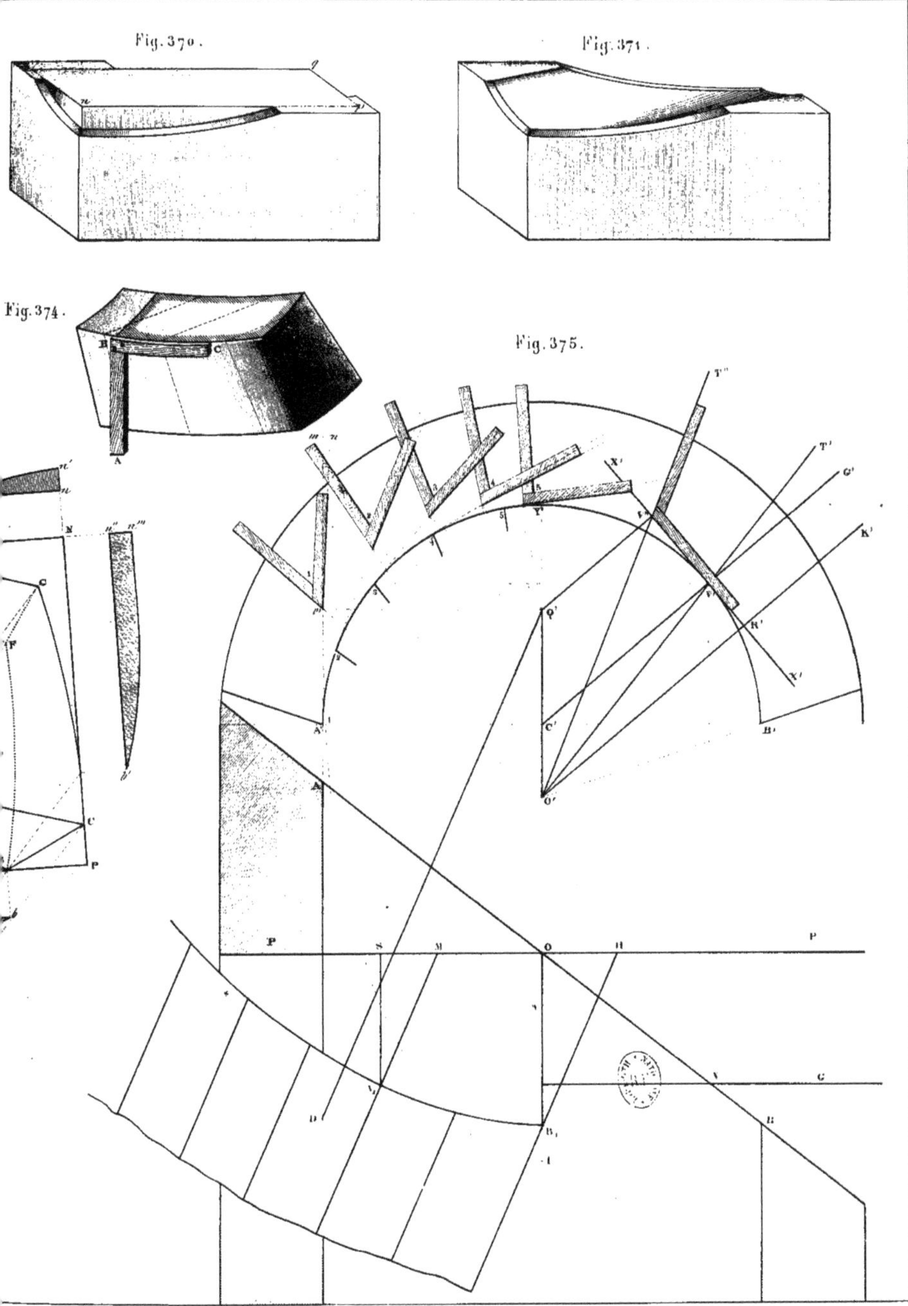


[illegible]udry, à Liège

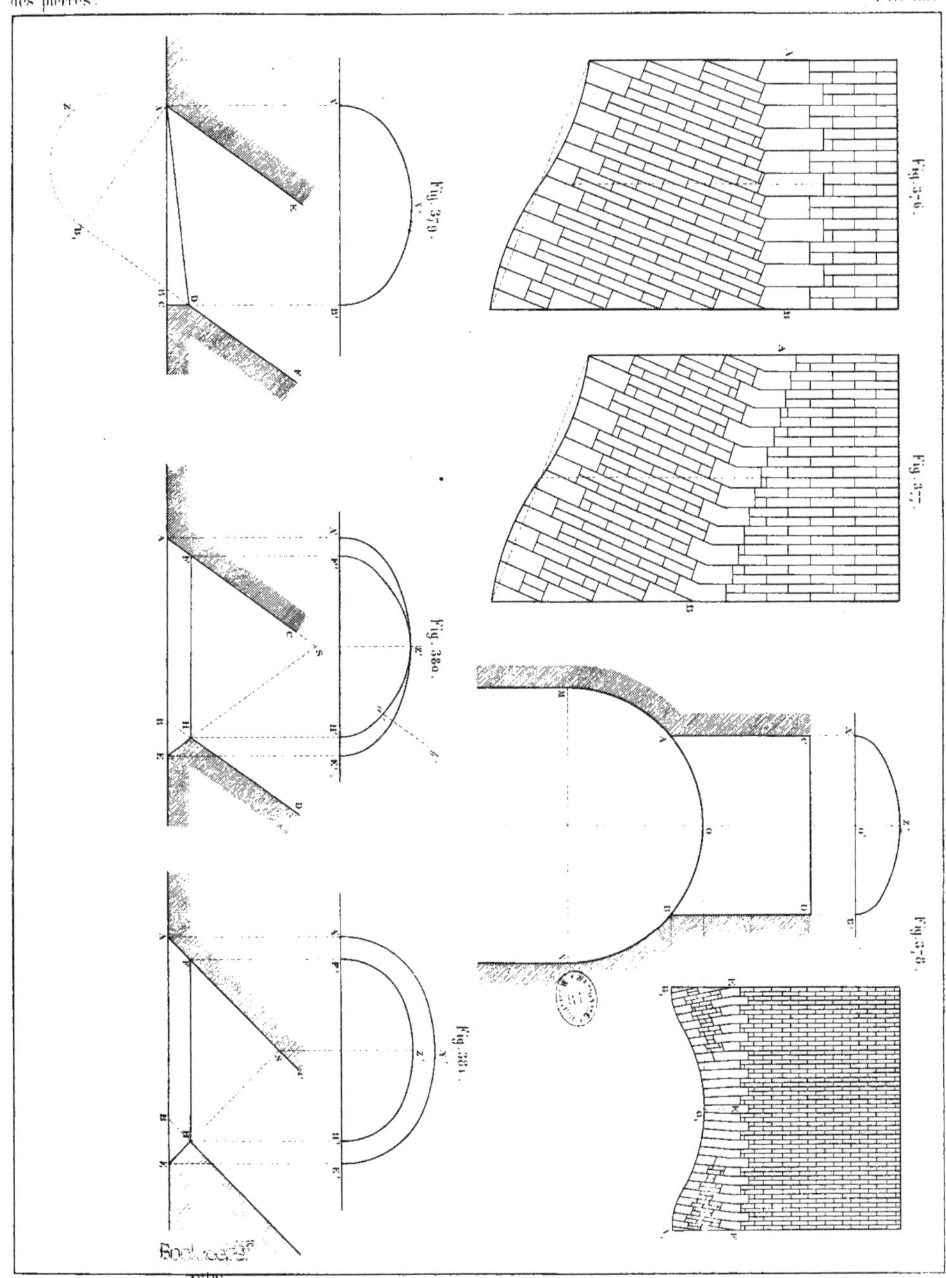


Em. Lejeune del.

www.ingramcontent.com/pod-product-compliance
Ingram Content Group UK Ltd.
Pitfield, Milton Keynes, MK11 3LW, UK
UKHW021058260726
13994UKWH00002B/566